可愛
就是賣點！

超可愛虛擬直播主VTuber
如何在全球創造百億營收

修修咻

著

目次

作者序

　　我原本想以各 VTuber 的名字排出一個大大的「A」字母，作為作者序的開頭。但左思右想後，覺得這樣太過「迷因」，對於 VTuber 文化還不夠熟悉的讀者，可能會摸不著頭緒，所以想想還是算了。

　　大家好，歡迎來到修修咻的書籍，我是阿修，一位製作動畫、漫畫、小說、遊戲，以及相關 VTuber 題材的 YouTuber。

　　為何我會寫這本書呢？ 2023 年的今天，在華文世界我們可以查到很多關於 VTuber 的講解影片、文章，甚至是論文，各種形式的參考資料都有。然而，令人驚訝的是，「介紹 VTuber 的書籍」卻相對地缺乏，倒是關於虛無飄渺的「元宇宙」書籍卻有很多。

　　自 2016 年日文的「絆愛」提出 VTuber（Virtual YouTuber）

後，虛擬偶像的發展可以說是突飛猛進。我認為是時候該讓一些對於 VTuber 文化感興趣的讀者，透過循序漸進的解說，完整地理解什麼是 VTuber？它是如何發展起來的？目前台灣、日本、歐美的 VTuber 現況又是如何？那些爆紅的 VTuber 又是如何培養出來的？它會帶來哪些商機？以及 VTuber 在動漫圈，乃至於日本二次元文化所造成的影響，都將在這本書中呈現。

除了完整且系統性介紹 VTuber 和其文化外，我也採訪了七位台灣頂尖的 VTuber 及 VTuber 製作人，無論是個人因興趣而投入，或是以 VTuber 作為創業的起點，這些第一手的深層視角，帶我們看到台灣 VTuber 的機會和有待解決的問題，以及他們是如何成長的過程。

這裡要特別感謝每一位參與本書訪談的 VTuber：杏仁ミル、兔姬 UsagiHime、塔芭絲可 Tabasuko、璐洛洛 Ruroro，以及 VTuber 製作人：春魚、虧喜、懶貓。本書有了你們的訪談，才更顯得完善。

最後，特別感謝我的老婆以及本書編輯，不僅幫我挑錯

字，還潤飾了內文，沒有你們的幫忙，這本書絕對沒辦法順利完成。此外，書中不時會出現的仙人掌插圖也是我老婆畫的唷！

也特別感謝特地為我們繪製國外各 VTuber 示意圖的繪師奈友，你畫的絆愛真的相當可愛！

最重要的，當然還是拿起這本書的你們，有你們的支持這本書才有被閱讀的價值。無論你是 VTuber 的觀眾，或是想成為 VTuber 的讀者，又或是想投資這個項目的老闆，這本書一定能帶給你更廣、更深的啟發。

台灣 VTuber 界正在持續茁壯，或許有些人會認為市場已趨近飽和，但數字會說話。當前，我們已經擁有超過十位突破十萬訂閱數的銀盾級 VTuber，其中有幾位甚至出道尚未滿二週年，觀眾與 VTuber 的活躍程度可說是蒸蒸日上。

希望大家閱讀完這本書後，能獲得所需的養分，更了解 VTuber 這項新興產業，讓它更加欣欣向榮，我想這就是這本書的最大貢獻了。

第一章
什麼是 VTuber？

　　VTuber，全名是 Virtual YouTuber，也就是虛擬 YouTuber，這個名詞起源於目前公認的 VTuber 始祖：絆愛（キズナアイ；Kizuna AI），於 2016 年 12 月所公開發布的第一支影片中，絆愛稱自己是虛擬的 YouTuber，簡稱 VTuber。

　　也因為這樣的簡稱組合，在不同的影音平台上，就會出現不同的簡稱，例如：Vsinger（虛擬歌手）、Vliver（虛擬直播主）、Vup（Virtual up 虛擬上傳者）、V-Streamer（虛擬實況主）等等，常見的網路平台如 YouTube、NICONICO、Twitch、BILIBILI、Facebook 等等。

VTuber 始祖
「絆愛」示意圖。
（奈友繪）

　　嚴格說來，提出 VTuber 這個詞彙的絆愛，並沒有對 VTuber 下過定義，而且在表演形式上，或多或少有所差異，因此目前普遍將 VTuber 定義為：「以現實人物（俗稱「中之人」）藉由電子設備來偵測表情、動作，並即時反應在 Live2D、3D 人物上，同時在網路世界使用「虛擬人物」進行影音投稿、直播活動等。」

　　在技術的演進之下，現在甚至能利用 3D 立體投影，實現線下的 VTuber 演唱會。

VTuber 的前身

　　實際上，在絆愛以前，便已經有人開始使用臉部偵測技術，進行影音創作，例如 Ami Yamato（2011 年於 YouTube 開始活動，但本人並不認為自己是 VTuber）、ウェザーロイド Type A Airi（2012 年開始活動，虛擬氣象播報員，日本氣象新聞公司所創造的虛擬氣象主播，每天會在新聞台播報天氣，於 2018 年設立 YouTube 頻道）。

　　而臉部偵測技術也不是什麼新型科技，早在 2010 年以前，好萊塢便使用類似技術來進行電影創作，但這類的設備多半動輒數十萬，甚或數百萬新台幣，加上需要大量的時

間進行後製、微調等,因此在絆愛以前,僅有極少數幾位影音創作者使用相關技術來發表,甚至在絆愛出道後一年,VTuber 還是被視為入門門檻極高的創作領域。

直到 2017 年 9 月,蘋果公司發表的 iPhone X 系列,由於 iPhone X 系列自帶動態捕捉的功能,使得 VTuber 的表情偵測系統得以簡易化。2018 年以後,日本 VTuber 界正式進入百花齊放的時代,許許多多特色 VTuber 開始加入投稿,VTuber 總數從 2017 年的百位數瞬間增長到千位數,俗稱「VTuber 戰國時代」。

再加上大量的軟體開發者,開始針對 VTuber 的技術進行開發,例如外皮建模和臉部偵測系統。在 2021 年後,VTuber 的入門門檻已經大幅下降,許多新手也可以在短短的數個月內,從零到有進行 VTuber 的製作,開始 VTuber 的活動。時至今日,全球 VTuber 的總數早已突破五位數(光台灣就有一千多名 VTuber),每天都有新人 VTuber 出道,可以說是相當炙手可熱的新創產業。

現階段而言,我們會將 VTuber 以表演方式分為「影片勢」、「直播勢」兩種,然而,影片勢與直播勢這樣的分法僅用在早期,現在多數 VTuber 皆以直播為主,影片為輔。

現今 VTuber 已經跳脫原先絆愛的影片勢框架，更像是網路藝人，不論是唱歌、雜談、直播、短劇、遊戲實況、廣播節目、演唱會等等，可以說表演的種類相當繁多。不過，目前多數 VTuber 還是以網路平台直播作為主要的活動。在第四章，有針對影片勢與直播勢進行細部的解說。

若以企畫規模則分為「企業勢」、「社團勢」、「個人勢」三類。

■企業勢：以公司行號進行中之人的招募，大規模製作 VTuber 出道的企畫。一般而言，相較於社團勢與個人勢，具備著更多的資源及支援。

■社團勢：與企業勢雷同，大多由多數同好組成，組織規模的大小不一，可能存在 VTuber 的專屬經紀人、繪師、剪輯師等，也可能僅有兩個人構成。

■個人勢：整個 VTuber 計畫的從零到有，都是由個人組成（但可能 VTuber 造型、建模是發包出去製作），與企業勢、社團勢最大的差別在於其自由度極高，想做什麼事情都可以，但商業合作與宣傳能力相對較差。

關於企業勢、社團勢、個人勢，在第四章與第五章有更詳盡的介紹。

VTuber vs. YouTuber

VTuber 來自於 YouTube，與傳統 YouTuber 最大的差別在於，VTuber 能做到更貼近「動漫人物」的影片創作，這在 VTuber 的直播活動中，成功地吸引到原先僅觀賞動畫、不常觀看 YouTube 影片的動漫族群。

VTuber 具有的優點，可以簡單歸類出以下幾個特點：

- 外皮與設定
- 聲音貼近二次元
- 人物外型不會變老（不上妝也能表演）
- 推出周邊更好銷售

以下我們就分別說明 VTuber 這些優點。

外皮與設定

真人 YouTuber 頻道的主題性可以用一、兩部影片讓觀眾了解，此頻道是開箱評測類、是戶外運動類，或是教學知識類等，但真人 YouTuber 的「人物設定」，又或者說這個人的特色，可能是比較理智型、比較瘋狂型，或比較搞笑型，這樣的人物性格，需要藉由長時間的影片觀看，才能將本身的人設確定下來。

　　但 VTuber 的好處是，前面有稍微提過，由於 VTuber 的動漫外型，可以藉由一些既定的印象，**讓觀眾可以不用點看影片，就能用浮誇的角色外型來推測該人物的性格特色。**

　　留著黑色長髮、穿著學生制服的人物，多半比較嚴肅，有著綠色長髮搭配修女外型的人物，多半比較冷靜，而紅色短髮的角色比較熱情。這些出現在傳統 RPG 遊戲中的人物既定印象，在 VTuber 的推廣上能夠讓觀眾有種：「啊！我就是想看這樣類型的表演！」的效果。

　　甚至在 VTuber 尚未出道和設計外型之前，VTuber 的中之人與人物設計的繪師，就可以先試想未來要推出怎樣的影片、直播的風格，再來進行 VTuber 的外皮製作。

　　雖然幾乎每個 VTuber 在長時間的直播後，這些角色的初始印象設定會大打折扣，但對於在初期的推廣上，相較於真人 YouTuber，VTuber 可以省去相當多的時間與精力。

　　除此之外，一個光鮮亮麗的 VTuber 封面，在起步階段很容易吸引新觀眾點進去直播間觀賞，但真人直播主在初期起頭時，在實況圈嚴重飽和的情況下，要開拓市場的難度就相對高許多。

聲音貼近二次元

VTuber 屬於二‧五次元範疇，藉助動漫外型，聲音語調可以做出相當廣度的發展，甚至隨口說出日常不會聽到的動漫發言，也不會有任何違和。

舉個簡單的例子，一般觀看動畫時，我們可以很自然地看到一些妹妹屬性的角色，對著男主角喊：「哥哥～」但這樣的表演風格，卻不是很適合出現在真人 YouTuber 的身上。

一般人對於真人與虛擬的界定相當深，我們可以接受一個小孩子外貌的動畫人物，用著蘿莉的「聲音」，講出童言童語的發言，但多數人卻不容易接受一個二十、甚或是三十歲的女性，長時間使用蘿莉的聲音嘻笑打鬧（偶爾表演可以）。

又或者，今天有一位 VTuber 的外貌是個滿頭白髮、充滿紳士風格的老爺爺，這在真人直播主中屬於非常少見的類型，只要 VTuber 的中之人能夠控制好本身的「設定」，就可以在真人直播主尚無法觸及的領域取得成功。

VTuber 的產生，也讓一些天生有著蘿莉嗓音、在真人直播無法取得成功的中之人，得以藉此天生優勢，在對的行

業上取得極大的成就。這也是為什麼 VTuber 的觀眾族群，通常會與長期觀賞動畫的類群有這麼大的重疊性。

人物外型不會變老（不上妝也能表演）

人類的外貌會隨著時間而老化，比自己更年輕、身材更好的表演者隨時都會出來。一般女性 YouTuber 在拍攝影片時，通常會上妝、打光，來美化自己的外貌，即使是不太需要化妝的男性 YouTuber，也會注意自己的衣著不能太邋遢。但 VTuber 完全不受這些限制。另外，VTuber 對於女性而言還有一個小優點，即不需要大量的治裝費，初期只要支付 VTuber 的外皮製作費，之後若想更換外皮，多半是半年後的事情了。

絆愛剛出來的時候，便有評論者發現，這種類型的表演在最極端的情況下，可以讓 VTuber 永遠活著。（然而在幾年後的「四個絆愛」事件後，證實這種可能性趨近於零，第三章會談到這件事。）

VTuber 的外貌永遠可以停留在 17 歲。甚至只要準備好器材，表演者即便是剛起床，在衣衫不整的情況下也能進行演出。順帶一提，若是長時間沒有暖身就表演的情況下，對

喉嚨是非常傷的，所以有經驗的直播主在直播前，多半還是會先暖身。

此外，也有許多人對於自己的外貌沒有自信，或是因為各式各樣的私人原因，無法或是不願在觀眾面前露臉，VTuber 的生態就相當適合這類的人。

推出周邊更好銷售

周邊商品回收或資金回收，不只是 YouTuber，對於 VTuber 也是相當重要的課題。

真人 YouTuber 不比真人偶像，對於真人 YouTuber 或 Twitch 直播平台上的直播主，以他們真人肖像印製的周邊商品，通常粉絲購買意願都不會很高，即使購買也不會購入不同種類的商品。

但 VTuber 製作周邊時，就像是一般動畫作品出的周邊商品那樣，觀眾已經很習慣購買這類型的物品，無論是海報、徽章、吊飾、立牌等等，即使是沒追蹤這個 VTuber 的粉絲，只要圖案風格可愛，或是有對到自己的喜好，周邊就有機會賣出去。這是印製真人的周邊比較沒辦法吃到的紅利。

　　同時，在異業合作上，VTuber 更能與遊戲類型合作。已經有多款遊戲曾經和知名 VTuber 合作，在遊戲中推出該 VTuber 的角色模組供操作、遊玩。

子午計畫於開拓動漫祭 FF40 推出的 Seki 大套組周邊內容。

　　真人 YouTuber 在周邊的推出選項上，比較偏向與廠商合作聯名商品，例如水餃、衣服、飲料等等，在相同訂閱數的情形下，VTuber 的周邊會比較容易售出。

　　然而，跟 VTuber 相比，YouTuber 也有顯著的優點：

■ 題材多元不侷限
■ 觀眾族群量極大

■ 較容易取得業配

以下我們也來說說 YouTuber 的優點。

題材多元不侷限

VTuber 受限於虛擬空間的關係，只要是需要 VTuber 肢體操作的道具，都需要先製作模組才能使用，例如想進行 3D 類型的打籃球表演，那就必須先處理好籃球的 3D 模組。但是真人 YouTuber 的表演，只需要去文具店買一顆籃球即可。

出外景更是多數 VTuber 無法做到的事，雖然也不是沒有 VTuber 仿照 YouTuber 進行外出影片拍攝，但技術與金錢的成本都相當高，只有少部分的公司才有能力做到。

由於 VTuber 受限於技術，能做的演出類型其實相當少，最常見的不外乎：遊戲、聊天、唱歌，而這類型的表演真人 YouTuber 也都可以做到。

如果跨足到戶外運動、旅遊、美食等類型的影片，VTuber 的發揮就相當有限，甚至我們可以說，VTuber 能做的表演，真人 YouTuber 有高達九成都能辦到（但是效果好不好還是見仁見智），反過來，真人 YouTuber 可以完成的

事情，可能有一半以上的 VTuber 都會面臨一定程度的技術門檻。

觀眾族群量極大

全世界訂閱數最多的個人 YouTuber 頻道，是擁有 1.6 億訂閱數的 MrBeast；在台灣百萬級訂閱的 YouTuber 超過五十位。但 VTuber 呢？全球訂閱突破百萬的 VTuber 都集中在 HOLOLIVE production（簡稱 HOLOLIVE）與彩虹社兩大箱內，個人勢的百萬訂閱 VTuber 屈指可數。

台灣訂閱數最高的 VTuber 是擁有四十萬訂閱的杏仁ミル，能突破十萬訂閱，俗稱銀盾級的 VTuber 不到十位，訂閱數能破一萬便是前 10% 等級的 VTuber 了。

訂閱數一萬的 VTuber 因為是直播的性質，觀眾忠實度會比影片性質的 YouTuber 高很多，但不可否認的是，在粉絲推廣力度上，YouTuber 更容易被廣為所知，這點同時也會影響到廠商業配的部分。

較容易取得業配

真人 YouTuber 大多是製作八分鐘左右的影片，跟目前

直播性質為主、一部影片直播基本一小時起跳的 VTuber 有
很大的不同。知名 VTuber 在直播影片時，觀眾量大概在數
百位上下，只有在特別節日、企畫活動的時候，能夠達到四
位數。而能接到業配的知名 YouTuber，影片點閱率基本上
都是破萬的，且在投放廣告上，真人 YouTuber 的力度是遠
大於 VTuber 的。

YouTuber 的業配金額與頻道訂閱數、點閱數成正比，
有足夠預算的廠商在工商合作上，往往傾向於挑選隨便一支
影片就能破十萬點閱率的頻道。這在 VTuber 的業配上也不
是沒有，但多侷限在一些特定的類型，例如遊戲的推廣，請
VTuber 在直播中遊玩合作的遊戲，或是聯名周邊商品，例
如聯名手機殼之類的，相對地侷限性就大許多。

從這個小節比較 VTuber 和真人 YouTuber 的優劣勢即可
看出，VTuber 僅能在某幾個領域上取得優勢，面對直播的
範疇，VTuber 還要跟真人實況主競爭。

VTuber 憑藉著動漫的文化背景，得以快速開疆擴土，
成為一股不容小覷的勢力，可是在動漫圈中也屬於亞文化的
VTuber，想要吸引到非 VTuber 圈的觀眾，甚至想要吸引非

動漫圈的觀眾時，總體劣勢還是比較多的。

VTuber 的角色設定和粉絲宣傳

前面提到，許多 VTuber 在出道（開始活動）時，便會為自己訂下所謂的「設定」。以絆愛而言，絆愛將自己設定為虛擬 AI，所以在言行舉止上會告訴觀眾，自己僅存在於虛擬世界，還擁有超高智慧，會反駁觀眾的言論等。

而另一位有名氣的彩虹社 VTuber：月之美兔，則是將自己設定成十六歲的高二女學生，在學校擔任班長，粉絲間會用「委員長」來稱呼她，人物外型有著一頭黑色的長髮，身穿標準的西式學生制服，直播開始時會喊：「起立！立正！」

VTuber 們在外型的設計上，也會參考角色的設定來製作虛擬外皮，例如將自己設計成狐狸化身的 VTuber，就會有獸耳；設想是鯊魚化身的 VTuber，就會有鯊魚的尾巴。虛擬外皮以二次元動漫風格為主，搭配上各式各樣不同的設定，讓 VTuber 像極了我們常見的日本動漫角色，其中扮演 VTuber 的中之人，就相當於為動畫角色配音的聲優，可是與動畫角色和聲優的關係不同，VTuber 與中之人的關係更

為緊密。

　　現在 VTuber 以網路直播為大眾，每個 VTuber 每週大約會進行一到五次的網路直播，每次直播的時間依各人而有所不同，大概一到三個小時不等（也有每個月直播常常超過一百五十小時的 VTuber 存在）。

　　因此，相對於每個禮拜僅有三十分鐘的動畫而言，角色實際出場的時間，還會依照戲分不同有所差距。多數動畫作品又以季為單位播出，經常看了三個月之後，因為各種商業因素的關係，沒辦法再看到喜歡的角色出現。但 VTuber 的存在，只要在 VTuber 還沒有結束活動（畢業）以前，他就可以長期地陪伴著觀眾，雖然現今 VTuber 最長的年資才剛超過六年，其中畢業的 VTuber 更是數也數不清，但相對於動漫人物而言，VTuber 能帶給觀眾更多的娛樂及陪伴的時間，不會因為 VTuber 所扮演的角色動畫作品完結而消弭，能夠即時與粉絲互動更是傳統動漫人物無法帶來的回饋感。

　　粉絲也會自發地對 VTuber 進行創作，例如二創同人圖、幫影片勢 VTuber 上日語以外的字幕、進行海外的宣傳，又或者是將直播勢 VTuber 的直播影片，截取精華、添上字幕特效，打造出一到二十分鐘不等的短片與長片，讓那

些沒時間追直播的粉絲們，能在最短的時間內看到該直播的精華片段。精華片段每次約三到五分鐘，每天都有不同的 VTuber 精華影片在 YouTube 頻道上架，這些對 VTuber 的人氣增長都是有相當大的幫助。

在 2020 年以後，許多直播勢的 VTuber 都開放其他 YouTube 頻道進行精華翻譯與剪接，多數不會限制該頻道開放營利*。在這樣的誘惑之下，讓更多粉絲願意無償（對 VTuber 而言）為 VTuber 製作影片的精華剪接、翻譯等動作，讓 VTuber 除了直播外，也有了更多宣傳自己的機會。

VTuber 對直播的新定義

對於不熟悉 VTuber 文化的人來說，常常會將 VTuber 視為動漫角色，或是 MMD（MikuMikuDance，一種免費的 3D 動畫軟體，多數 MMD 影片製作者會使用 MMD 做成 3D 人物歌唱跳舞的影片）文化中所使用的 3D 人物影片；但對於熟稔動漫文化的人而言，VTuber 的活動其實更貼近於網

---

* YouTube 系統設定，只要是符合規定的頻道在營利申請後，可以藉由影片觀看時長來獲得金錢，以台灣的狀況為例，大約是一萬點閱數可以賺取 300 元新台幣。

路直播主、YouTube 的影音創作者。

在絆愛登場後，經由 VTuber 四天王與許多早期拓荒者的努力，VTuber 的概念從日本開始席捲全球。2018 年的彩虹社，讓 VTuber 直播勢產生了更多元的表演管道，HOLOLIVE 更是直接將直播勢 VTuber 給發揚光大，世界各地都有許多支持者。

眾多媒體、影音評論者將 VTuber 視為一個嶄新的創作渠道。美國《華爾街日報》就曾指出：「VTuber 將會在日本動畫、漫畫這個長久的歷史上，繁衍出一個嶄新的姿態。」也有國外的媒體人認為，在不可預期的未來，每個人都將擁有自己的虛擬替身，得以將其用在網路上交流互動。

就我的觀點，我認為 VTuber 對於動漫人物與真實人物，也就是動漫圈常說的二次元人物、三次元人類、二‧五次元聲優，VTuber 是更貼近於二‧八次元。VTuber 有著動漫人物的外皮與設定，用來進行我們日常生活中常見的行動，例如直播時遊玩遊戲、與親朋好友一起聊天、與觀眾互動，甚至技術高級一點的 VTuber 可以進行戶外活動等等，成功吸引那些原本不太觀看真人直播主的動漫族群眾，這樣的群眾有持續增長的態勢。

箱推

除此之外，「箱推」可以說是 VTuber 文化中相當重要的環節。

所謂的箱推，最早源自於 VTuber 誕生初期，由絆愛、電腦少女小白、未來明、輝夜月、虛擬口癖蘿莉狐娘YouTuber 大叔開始，這五位號稱為「VTuber 四天王」*。此五人除了在彼此的影片中出現外，也會在 Twitter 上互動。這樣的交流模式下，造就了後續不論是個人勢或者是企業勢，都能藉由兩位以上的 VTuber 連動來增加彼此的粉絲數，當 VTuber 組成團體時，或是說同一間公司推出的各個VTuber，我們通常就會將其稱呼為「箱」。

早期影片勢 VTuber 的腳本多為固定的，反觀直播勢的 VTuber，可以和其他 VTuber 在直播時一起出現在螢幕上互動，更能展現出直播勢 VTuber 不同於以往的優勢。而且，粉絲會為直播 VTuber 的某些內容，做二次創作，例如 VTuber 在直播提到前陣子去吃壽司，粉絲可能就會繪製

---

*「虛擬 YouTuber 四天王」，意指在動漫作品中，名為四天王的團體通常都會冒出第五個設定相同、或作為隱藏人物的角色，因此，存在著四天王有五個人的戲稱。網民創造了 VTuber 四天王這個名詞，但總數卻有五位的原因，便是由這個戲稱而來。

VTuber 在吃壽司的圖片送給 VTuber；或是即時回應 VTuber 直播時的問題，增加親近感。這種 VTuber 和 VTuber 之間、VTuber 和粉絲之間的即時互動，讓直播勢的 VTuber 具有更多不同的面貌。

在 2018 年，許多企業開始投入 VTuber 行業作為公司主力，其中便以 COVER 公司所主導的 HOLOLIVE 與 ANYCOLOR 彩虹社為兩大勢力（俗稱兩大箱）。兩大箱推的努力在 2021 年開花結果，原則上出自於兩大箱的 VTuber 新人，出道前的預告剪影，就能吸引兩大箱原先的客群率先按下訂閱鍵，原本就有在追兩大箱的粉絲，也期待著新人 VTuber 與自己追的 VTuber 將會有什麼樣的互動。因此在新人 VTuber 出道的首次直播，也能夠吸引更多的觀眾觀賞，至於能否留住觀眾群，讓未來的直播保持在相同的量，還是要靠當事人本身的努力。相較於其他沒什麼資源的素人而言，想快速脫離沒有觀眾的新人期，選擇進入 VTuber 的公司體系也是一種管道。而 COVER 的 HOLOLIVE 更是有出道即銀盾（十萬訂閱）的保底訂閱數，對比採取人海戰術的彩虹社，HOLOLIVE 每年新推出的 VTuber 數量較少，也成為了許多想進入 VTuber 行業人士的第一志向。

值得留意的是，雖然 2020 年全球疫情的蔓延，全世界無論是學生或是上班族群，都開始了長時間的居家上課、上班模式，讓網路使用的時間倍速地成長，與此同時，各個 VTuber 的訂閱人數也在不斷增長當中，即使來到了疫情趨緩的 2022 年，VTuber 的總人數與觀看人數仍然呈現成長狀態。

但以 2022 年撰稿的當下，絕大多數 VTuber 都還停留在次文化（動漫圈）中的次文化（VTuber 圈）。扣除絆愛、HOLOLIVE、彩虹社等旗下著名的 VTuber，大部分的 VTuber 訂閱數都沒有突破五十萬。在全球範圍內，訂閱數能突破四十萬便是世界訂閱前一百五十名的 VTuber 了，在台灣更是只要能超越一萬訂閱，你就是全台訂閱前五十名的 VTuber 了！*

中文 VTuber 的語言優勢

VTuber 直播時，不會有字幕也不會有翻譯，觀眾只能靠著自己的語言能力理解 VTuber 當下在說什麼。

---

* 台灣擁有超過五十位訂閱數破百萬的 YouTuber，但訂閱突破十萬的 VTuber 不到十位。

目前在 YouTube 平台上高訂閱數的 VTuber，清一色以日語、英語為主，但並不是每個觀眾都能夠直接與外國人溝通，外語能力需要長時間的學習與經驗累積。因此，華語系 VTuber，在面對華語圈觀眾時，會天生自帶語言優勢。

　　在台灣、香港、澳門等華語文化圈中（中國大陸沒有 YouTube 因而自成另一個系統，在後續章節會探討），華語系 VTuber 面對的競爭對手，是日本數以百計的知名 VTuber 頻道，以及數十個中文翻譯精華剪接（俗稱「烤肉」）頻道，讓觀眾能在最快的時間接收到日語、英語系 VTuber 的直播精華。但即使有事後翻譯剪接，台灣還是有一批無法即時收看該語系直播的觀眾族群存在。

　　在 VTuber 剛出來時，這樣的族群多數不太接觸台灣 VTuber，或是僅接觸 Twitch 平台的真人直播主。2020 年以前，台灣 VTuber 的訂閱數除了杏仁ミル外，大都還停留在三萬以內，訂閱數超過一萬就能稱為知名人物。

　　但隨著龍心事件（第三章會提到）、台灣 VTuber 四天王、春魚工作室、李李陵蘭、子午計畫、懶貓子 Rumi 等人氣爆發性新人 VTuber 出來後，台灣 VTuber 的觀眾圈在兩年內出現了爆發性的成長，在 2022 年以後，台灣 VTuber 訂

閱數破萬的人超過百人，占全體台灣 VTuber 總數的 10%。

　　VTuber 觀眾也發現，雖然他們在外語系 VTuber 直播結束後二十四小時內，就可以看得到最新的直播翻譯精華，可是不會日語、英語的觀眾，還是很難跟上直播活動上的其中一個特色：意外性。

　　直播不像短片那樣，不論是唱歌走音、遊戲對戰失敗、VTuber 角色突然消失等等，都是有可能發生的，如果只是觀看精華剪接片段，通常在進入精華影片之前，影片標題、影片縮圖就會提前「劇透」，少了驚喜。

　　除了觀賞直播會碰到的驚喜外，能與喜歡的 VTuber 即時互動，也是很重要的特點。通常人氣越高的外語 VTuber 直播觀眾也越多，在聊天室留言很容易瞬間被新的留言洗掉，如果不投 YouTube 聊天室的超級留言功能 Super Chat，就很難與 VTuber 互動，此時華語系 VTuber 的優勢便展現了出來。

　　目前，華語系的 VTuber 在直播時，通常同時在線觀眾數會落在數十至數百人之間，偶爾有特殊活動（唱歌直播、多人連動、重大發表等）才會突破千人。在這樣的條件下，即使不使用 Super Chat，一般留言也有機會被 VTuber 看

見，進而有所回應。而且台灣的 VTuber 大多都會開啟「棉花糖」，類似留言版的功能。種種條件疊加起來，華語系 VTuber 互動的機會遠大於外語系 VTuber，這也是一大吸引觀眾觀賞華語系 VTuber 的誘因所在。

對許多觀眾而言，觀看 VTuber 直播並不像欣賞電影，需要全神關注地去觀看每一個細節，現今直播勢 VTuber 更像是陪伴性質的存在。並不是每個觀眾、每位 VTuber 在直播途中，都會用上一百二十分的精神觀看和做直播，更多的 VTuber 會開設類似早安台、工作台、吃飯台等等，讓粉絲在早上搭車時間，可以聽聽 VTuber 跟大家閒話家常，又或者在下班回到家以後，在電腦前或是沙發上看 VTuber 遊玩遊戲、和他聊天等等。遊戲不一定要玩得好，重點在於觀眾能否在直播上得到他們想要的樂趣，無論是舒緩疲憊的心靈、獲得及時的歡樂，或是與 VTuber 互動能立即得到回饋等等，這些都是不具備外語能力的觀眾，無法從海外 VTuber 的直播中得到的樂趣。

不過值得注意的是，這項優勢也僅僅是相對於外國 VTuber 的語言優勢，而不是因為你會說華語就一定能吸引到華語客群。台灣 VTuber 從 2018 年開始發展，直到 2020

年才正式走出自己的小圈圈，踏入台灣動漫圈，語言只是一個小小的優勢，實際上能否吸引觀眾駐足，依舊是所有 VTuber 要面對的主要課題。

第二章
成為一個 VTuber
要準備什麼？

　　相對於 YouTuber，VTuber 前期的準備會比較多一些，不論是硬體還是軟體的部分。本章節我們會講解要成為一個 VTuber 的最低需求，以及介紹一些簡單的軟硬體設備，但並不會太深入，原因有兩個：

　　■ 科技的進步十分迅速，在 2016 年絆愛剛出來時，VTuber 相關軟硬體設備都在數十到數百萬不等，規模超過十個人以上的團隊和龐大的資金才能夠應付。但到了 2022 年，坊間有許多廠商投入 VTuber 軟硬體設備的開發，想成為一名 VTuber 的難度已經大幅降低。硬體設備與軟體科技會隨著時間進步，尤其是軟體，但結構上不會有過多的變動，因此，本書將簡單介紹現今多數 VTuber 所使用的軟體。

　　此外，VTuber 的操作軟體並不是只有一種，別人所使

用的軟體也不一定符合自己的需求，在讀完本書後，想成為
VTuber 的讀者，建議實際摸索過不同的軟體，才能比較了
解哪一套最符合自己的需求。

　　■關於 VTuber 的建模，不論是 2D 還是 3D 建模，都屬
於高技術層面的本領，文字說明有其極限，此章節僅會介紹
一些基本概念。如果對建模技術有興趣的讀者，網路有許多
最新的技術與教學，Discord 上也有 VTuber 建模師群組可供
加入，做更深入的研究。

VTuber 需要的硬體設備

　　話說回來，首先，成為一個 VTuber 需要什麼軟硬體設
備呢？

　　硬體部分，最簡單的 YouTuber 只要有一台攝影機（也
可以是手機）、一台電腦，配上一套免費的剪接軟體，就可
以了。

　　但 VTuber 的硬體需求就需要再高一點點，在極簡單的
狀況下，你只需要一部能捕捉表情的攝影機，加上一台不
差的電腦，就能進行 VTuber 的直播。坊間也有許多 VTuber
會直接使用手機的攝影機來直播。VTuber 最重要的部分在

於軟體。

軟體的部分，因為 VTuber 行業的茁壯，許多科技廠都陸續投入 VTuber 的技術研究。隨著 iPhone X 內建的臉部偵測相機，手機科技廠也漸漸加入這項技術。受惠於此，不論是在 iOS 平台還是安卓平台，都有手機 APP 程式可以配合電腦程式，讓手機直接成為捕捉表情的攝影機，接著對應到電腦上的

iPhoneX 的臉部偵測設定。

VTuber 軟體，讓軟體內的 VTuber 外皮能隨著手機鏡頭拍攝到的動作動起來，最後匯入至直播軟體 OBS 上。通常還會額外搭配一個收音的麥克風。

由於軟體的原因，很多 VTuber 會選擇購入一隻二手蘋果手機，專門作為直播使用，又或是購買網路攝影機（WebCam），進行臉部表情的偵測。

如果可以投入更多的金錢，買更好的麥克風、混音器提升語音的品質，買更好的顯示卡、硬碟提升畫面的流暢感，都可以有效提升直播的質感。但是，在初步階段，建議使

用一般等級的電腦即可（建議至少準備四萬元的預算購買電腦、三千元以上的麥克風，以及約略五千元的網路攝影機）。

這樣算下來，工作用電腦、基本款麥克風、動態捕捉相機或手機，大概五萬元就能搞定。如果想提升直播品質，可以等到直播客群穩定，有一定程度的收益後，再往上提升即可。

以下開列簡單的電腦需求表給大家參考，不過，硬體設備會隨著時間要求越來越高，至少不要比下列規格更低即可：

作業系統：Windows 10（64 位元作業系統）

中央處理器（CPU）：Intel® Core™ i5 系列

記憶體：32GB 以上

HDD：200MB 以上

顯示卡（GPU）：NVIDIA GeForce GTX 850M 等級以上

此外，家中網路速度也是一大重點。一般來說，建議至少有 60M ／ 20M 以上的頻寬會比較足夠。台灣的讀者建議一律使用中華電信會比較穩定。

以上的基本設備，已經足夠支援一般的 2D 人物模組操作。如果你要使用 3D 模組進行表演，就要準備比 2D 模組更高規格的硬體設備。如果是全身 3D 模組，那就會需要更多的 3D 設備和更多的錢。

　　大多數人一開始不會使用全身 3D 模組的硬體設備（一套最基本款的動態捕捉設備也要超過三萬元，常見的廠商有 Xsens, Rokoko, Neuron 等），目前剛出道的 VTuber 都是以 2D 模組為主。

3D 動作捕捉設備。（ROKOKO 提供）

VTuber 所需的軟體和外皮製作簡介

接下來的章節，我們先介紹 2D 模組的製作。

首先，我們大概會經過四個步驟，從零到有將自己的 2D 模組建制出來。3D 模組的流程基本上大同小異，但價格與軟體會有所不同。

一、設計角色

二、製作 VTuber 模組

三、使用適合的 VTuber 模組操控軟體

四、導入 OBS，開始直播

一、設計角色

在 VTuber 的生態中，對於 VTuber 誕生最重要的兩種職業：繪師與建模師。

「繪師」，一言以蔽之，就是 VTuber 外皮的設計者，除了少數中之人本身就是繪師的 VTuber，多數中之人或公司，都會找一位繪師來為自己的虛擬外皮訂製外貌及設定。

前面提到，有鑑於日本動漫界長達七十年的耕耘，許多動漫角色的類型、人物的身材，在觀眾心目中都有其既定的印象。因此，在設計虛擬外皮時，就需要思考未來直播（影

片）的內容走向，其中最重要的就是自己本身虛擬角色的「設定」，在一般情況下，建議盡量偏向中之人的特色會比較恰當。

以目前的 VTuber 直播來說，長時間的直播是相當耗費體力及精神的，如果給自己太高難度的「虛擬設定」，在直播當下會讓觀眾產生印象的落差：「怎麼這個 VTuber 的外皮，跟既定印象不太一樣呢？」

當然，每個人的性格都不會是光譜的兩側，外皮的設計重點在於盡量符合中之人的性格、身材、聲線，甚至是興趣也要考慮在內，在直播上會比較輕鬆。

舉例來說，VTuber 在身高的設定上，通常不會脫

VTuber 需要請繪師為自己的虛擬外皮訂製外貌。（奈友繪）

離中之人的身高太多。如果一個長得很高的中之人，將自己的虛擬外皮身高設定在 150 公分，卻常在直播中說自己很容易撞到招牌，這樣的說法就顯得相當奇怪了。

除此之外，未來設定的直播走向也相當重要。如果想走比較文藝氣質的風格，可能就會將虛擬外皮設定成圖書館管理員；想走比較豪放的風格，角色服飾設計可能會調整成稍微奔放的衣物，例如無袖背心、小麥色皮膚等等；如果自認自己聲線屬於比較可愛的風格，那角色外型就不適合設計得太性感，反之亦然。

不過，這些都不是絕對的，如果初期與繪師討論時，就能想好相對應的直播風格與特色，那絕對能讓自己在一開始的推廣期，減去不少麻煩。

當然，也有一些公司會先設計好角色，再尋找相對應的中之人。但這樣的做法比較偏向大海撈針，即便面試到風格不同但卻相當有天分、能力，甚至有實戰經驗的中之人，卻沒有與之呼應的角色可以錄用，則是相當可惜的。

二、製作 VTuber 模組

設計好虛擬外皮後，便是建模師登場的時候了。

「建模師」又稱動畫師，在 VTuber 行業尚未出現前，全世界的動漫界便有 MMD 製作師、3D 建模師、2D Live 遊戲角色建模師的存在。VTuber 建模師可以說是在這些職業中，衍生出來的新興行業。

　簡單來說，建模師會將製作好的人物圖，拆解成各部位的細節（可能由繪師事先拆解），成為一個一個的小物件，在物件上標示節點，讓這些節點可以隨著網路攝影機（手機鏡頭）追蹤真人的表情動作，讓虛擬外皮的頭髮或胸部也隨著中之人擺動。

　建模師屬於高度專業的領域，收費標準範圍很大，成果品質也有相當大的不同。有名氣且有實際成果的建模師，製作一套精緻的 2D 模組，價格可到六萬元新台幣，而且其行程通常都被大公司排滿了；有一定水準的建模師，費用大概落在一萬到五萬元新台幣不等。

　如果是全身 3D 的建模，那價格可能會在十萬到一百萬元新台幣之間，非企業勢的 VTuber，大多會採用募資的方式籌措資金，募資金額一般會在三十到五十萬元新台幣不等。在台灣曾經出現過天花板等級的 3D 建模募資案，募資得到三百萬元新台幣，製作出台灣目前最高規格的 3D 演唱

會。但這實屬極端案例，並不是每項 VTuber 企畫都有辦法募資到如此高的金額。

網路上也有許多建模師獨立接案，多數都會將自己過去的作品放在接案網頁上，供人參考。建議在尋找建模師的時候，多多參照對方所列出的作品，選擇心儀且符合預算的建模師，會比較恰當。

如果真的有預算考量，也可以考慮獨自創作角色，甚至是獨自建模。以下會提供一些簡單的建模軟體，大家可以斟酌自己的能力及預算選擇。

■ Live 2D

這套軟體通常是專業建模師在使用，如果對建模有興趣的朋友，可以先從一些免費軟體開始，慢慢往 Live 2D 邁進。收費是訂閱制。此外，這套軟體也有提供功能不全的免費版。在製作日本動漫風格的 VTuber 外皮軟體中，Live 2D 可以說是首屈一指，可以做出相當精緻的偽 3D 人物。不論是遊戲、VTuber 外皮，甚至是一些簡易動畫，都有人使用這套軟體。

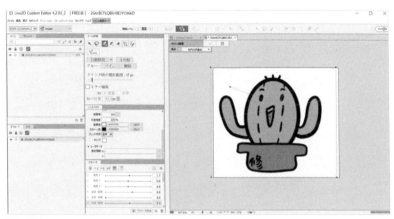

Live 2D。

　■ カスタムキャスト（CUSTOM CAST）

　　手機 APP 軟體，需要使用日本帳號才能下載，介面是全日文。其優點在於可以相當簡易就製作出虛擬外皮。但要注意的是，未來若要生產周邊品時，可能會有版權問題。

　　相對於 2D 建模，3D 建模則有相當多的方案，任何能建置 3D 模型的軟體都可以運用在 VTuber 上。常見的有 VRoid Studio、Unity、Blender、MMD、Photoshop，目前 VTuber 3D 建模師比較常用的是 VRoid Studio，這套軟體可以說是專門為 VR 系統所設計的，除了 VTuber 的外皮外，VR 眼鏡所支

043

援的軟體也可以應用在這軟體上。也有一些建模師會用上述的軟體來建制 2D 模組，視他們對軟體操作的熟悉度而定。

三、使用適合的 VTuber 模組操控軟體

製作好 VTuber 外型模組後，我們會使用幾種常見的軟體，如 VTube Studio、FaceRig、Wakaru、PrprLive，搭配網路攝影機或是手機鏡頭來操控自己的虛擬外皮，並視個人需求是否購買完整版軟體，進行 VTuber 活動操作。

其中以 VTube Studio 與 Wakaru 本身就是專門為 VTuber 所打造的軟體，所以會比較符合目前 VTuber 的生態。

VTube Studio 作為主打 VTuber 的程式，不論是縮放大小、設定背景、表情設定，都可以使用程式輔助。此程式還可以連動手機（需在手機上安裝 APP），在 iOS 系統上，表情偵測算是相當穩定，前面我們提到許多 VTuber 會額外購置二手 iPhone 手機作為臉部偵測的攝影機，就是搭配這套系統。

VTube Studio。

　　而 Wakaru 的功能較為簡易，但它是免費的，而且支援繁體中文，軟體操作大同小異，基本上就是在開啟軟體後，匯入建置好的 VTuber 外皮，在設定頁面調整網路攝影機（手機）偵測的靈敏度，以及麥克風音軌與虛擬外皮的對嘴，還有中之人搖晃身體或旋轉頭部時，虛擬外皮的反應能否隨著自己的擺動而隨之移動。

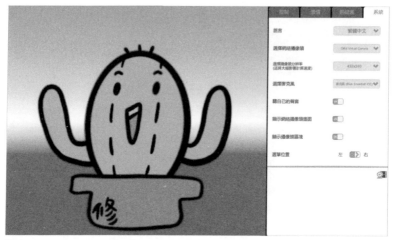

Wakaru。

　　有些虛擬外皮在設計上因為節點不夠，就會發生中之人嘴巴張得特別大，但虛擬外皮的嘴巴才張開一點點。這些都可以在 VTuber 模組操控軟體中進行更細緻的微調。

　　要注意的是，除非是達到電影等級的虛擬外皮與臉部偵測設備，一般虛擬外皮的眼睛與嘴巴，在反應真人的神情時都會有所極限。如果想讓虛擬外皮有更多的表現方法，通常會在建模時便設計好特殊的表情，例如眨眼、臉紅、哭泣等等；同樣的邏輯也可以運用在動作上，許多 VTuber 都會在建模時加入特殊的動畫動作，讓 VTuber 模型導入 VTuber

模組操控軟體後，可以藉助快捷鍵使 VTuber 模組做出預設的動作，例如：揮手、倒水、打哈欠，甚至是一鍵換衣等動作，讓虛擬外皮在直播時動作比較多樣化。

四、導入 OBS，開始直播

目前坊間有很多直播軟體可以採用，最常見的便是免費開源軟體 OBS Studio。OBS Studio 不僅可以用來直播軟體，也可以錄製 VTuber 影片，是目前直播界中，無論是 YouTuber、Twtich 直播主、VTuber 等等，最多人使用的直播軟體，操作簡單又支援繁體中文，網路上也有繁多的教學影片可以參考。

你可以自由選擇，是要以 VTube Studio 為背景，連帶虛擬外皮整個畫面拉到 OBS 上，或是在玩遊戲時，把虛擬外皮放在畫面角落，都可以。

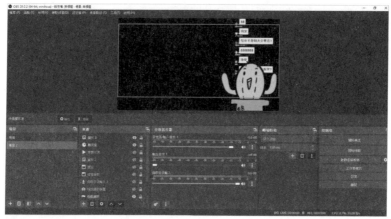

OBS。

　　總結來說，VTuber 的事前準備工作，相對於 YouTuber 可說是非常的多，YouTuber 如果不打算開直播，僅僅是剪接影片，基本上只需要一個麥克風和剪接軟體就可以完成。而 VTuber 要準備的項目就很多了，而且硬體設備也會隨著人氣上漲，需要逐步提升。

　　前面提到，大概五萬元新台幣的基本電腦設備，就可以開始做直播了。但隨著直播觀看人數成長，或是玩很吃電腦設備的遊戲，如 LOL、APEX 等 3D 人氣作品，可能還要再投入更多的金錢來升級設備。

　　如果花了不少費用設計精美、靈活的虛擬外皮，若還搭

配上高端的麥克風，讓音質更清晰，尤其是主打 ASMR 風格（Autonomous sensory meridian response，單純利用聲音進行深度的角色扮演，又或者是使用低頻的聲音讓觀眾放鬆，甚至入睡）的直播，自然也能在初期就能吸引到更多的觀眾。

這些前期的準備工作，可以說是成為 VTuber 的一大門檻。如果是單純做開心的 VTuber，不追求利潤，軟體和設備選用基本的方案就可以了。然而，若是想認真經營 VTuber 並吸引更多粉絲，前期就有必要投入更多的心力、時間和金錢。倉促且盲目地開始第一次的直播，這樣往往讓人印象不好而失敗，之後想積極提升人氣就非常困難了。因此，在出道後就迅速突破 YouTube 營利門檻（1000 人訂閱、累計 4000 小時觀看）的人氣 VTuber，通常都要投入三到六個月的籌畫期。

而這些軟、硬體設備也僅僅是成為 VTuber 最基本的一部分，當然如果單純是做開心，不追求收益利潤的話，那就可以準備簡單一點的方案，不過若是想要往更高人氣的目標前進，自然而然就要耗費更多的時間與金錢。

第三章
VTuber 的重要事件和影響

　　若你想成為 VTuber，或是投入和 VTuber 相關的產業，乃至你的公司打算栽培 VTuber，了解 VTuber 的歷史對你的路線和風格都會有所幫助。

　　VTuber 的歷史非常短，從絆愛在 2016 年發布「VTuber」這個詞至今，也不過才短短的六、七年時間。然而，在如此短暫的時間，卻讓我們見證了影片勢 VTuber 四天王的崛起，以及直播勢 VTuber 創造的全新表演模式，更是看見了原本僅存於日本動漫界中的 VTuber，開始擴展到日本海外、亞洲、歐美市場，成為一個極強大的商機。

　　21 世紀是網路快速發展的時代，VTuber 這個新興行業，從定義、表演形式、輔助科技、獲利方式等，都瞬息萬變，VTuber 的概念更是不斷重新架構。VTuber 短暫的歷史，或許能提供我們一幅未來可能發展的藍圖。

　　本章將藉由幾件 VTuber 曾發生的事，讓我們看到大眾

對 VTuber 的認知是如何演變的，以及 VTuber 在日本業界從最初的樣貌，發展到現今的過程。

史上第一位 VTuber

2016 年 11 月底，一個名為「A.I.Channel」的 YouTube 頻道，發表了首部影片，內容是一位外貌可愛、頭頂戴著巨大粉紅色蝴蝶結髮箍的 3D 動畫模組人物，自稱是獨立的人工智慧，並認定自己是虛擬（Virtual）的 YouTuber， 簡稱 VTuber，她將改變虛擬與現實的邊界。她就是 VTuber 的傳奇、至今依然是人氣、技術和話題性的頂點「絆愛」。

即使以現在的標準來看，絆愛也是相當高水準的 3D 模組，更不要說在 2016 年的時候。絆愛的人物設計是知名日本繪師森倉圓、3D 建模師 Tomitake，以及 Tda 模型製作監督，他們都

VTuber 始祖
「絆愛」示意圖。
（奈友繪）

是 3D 模組界中的佼佼者，也因此絆愛一推出時，便被認定是一項籌備已久、花費大量金錢和時間的大型企畫。

剛開始時，有些觀眾認為絆愛是利用 MMD 技術加上配音所製作出來的 3D 動畫影片，但更多的觀眾認為，絆愛是應用臉部辨識系統與 Live2D 技術、搭配 3D 模組、真人動態捕捉等設備，捕捉真人的表情與動作，因此在 YouTube 的影片上才會這麼貼近現實人物的表現。觀眾大多數認為這就是絆愛團隊的主要運作模式。

此外，觀眾長期觀察絆愛的神情、動作，認為扮演絆愛的「中之人」應該是同一人，而且是女性。

利用臉部偵測、動態捕捉系統來捕捉真人表情及動作，並展現在 Live2D 或 3D 人物上進行表演，這樣的運作模式也成為後來 VTuber 表演的主流方式。

值得一提的是，絆愛的頻道在創始初期即表示，自己（絆愛）是虛擬的存在（人工智慧），因此，不論是公司還是絆愛本人，都沒有認定有所謂的「中之人」存在，這也埋下了後來震撼 VTuber 界的大事件：「四個絆愛事件」，直到了 2020 年後，公司才坦承絆愛是由「春日望」所飾演與配音。

　　在頻道初期的影片，我們可以看到絆愛使用一個全 3D 模組，在一個純白的房內進行對話、做體適能測試，沒有太多的特效或道具，影片魅力主要來自絆愛所展現的活力、表情，以及可愛的語調。這樣的影片就類似 YouTuber 在鏡頭前，對於一個特定主題侃侃而談。此外，絆愛也會玩遊戲給觀眾看，但因操控遊戲的手法不是那麼高明，加上會對遊戲人物、關卡發表「感想」，點閱數都非常高。後來這類的 VTuber 影片頻道就被稱為「影片勢 VTuber」。為此絆愛還專門開了一個收錄遊戲實況精華影片的副頻道：A.I.GAMES。

　　當時全世界都開始迎來 YouTube 新媒體的爆發，絆愛一開始因其虛擬（俗稱二次元）的角色，在動漫圈中許多人誤認為她就是「初音未來」這類 VOCALOID 2 語音合成軟體的產物。然而在後續的影片及網路活動中，與傳統動漫人物不同，絆愛能夠與粉絲互動、跟觀眾有著共同的話題、可以發表對時事的看法，甚至也有日常生活的困擾，例如想要認識更多朋友、覺得自己在 YouTube 影片中的純白空間太單調等，這些表現遠超越動畫角色或聲優這種二、三次元分界清晰的概念，更讓觀眾有一種「她是真實存在於虛擬世界的

人物」的想法。絆愛的出現大大震撼了動漫界，更是宣告了 VTuber 世代的正式來臨。

在頻道創立不到半年的時間，絆愛就累積了超過二十萬的訂閱，在當時的 YouTube 訂閱數中已經是非常高的數字。

同時期，許多企業也開始嗅到了 VTuber 的商機，但礙於影片勢 VTuber 需要龐大的資源，且當時 VTuber 的應用軟體都還停留在電影界使用，需要相當高成本的設備。後續知名的 VTuber 如：未來明、電腦少女白、輝夜月等人當時都尚未出道。

那段時期可說是絆愛一枝獨秀，VTuber 這個詞在當時甚至專指絆愛這位虛擬 YouTuber，直到 2017 年下半年，例如 VTuber 四天王、彩虹社等 VTuber 陸續登場後，VTuber 才意指這些使用虛擬外皮、進行 YouTube 活動的虛擬頻道主。

除了 YouTube 外，絆愛也將自己的虛擬事業版圖擴展到 Twitter 和 Instagram，並且時常在 Twitter 與其他 VTuber 互動。因此，即使有新的 VTuber 出道，並沒有影響絆愛的人氣，甚至因為與其他 VTuber 互動，絆愛的聲勢反而更加高漲，不論是 Twitter 的推文互動，還是互相到對方的頻道

發表合作影片，都讓雙方的人氣直線上升，更發展出許多同人、二創的題材。

在 2017 年年底，絆愛 YouTube 主頻道訂閱數突破百萬，副頻道也在 2018 年 8 月達到百萬訂閱，之後有很長一段時間保持著 VTuber 界最高訂閱數的榮譽。直到 2021 年才被 HOLOLIVE 的噶嗚・古拉（Gawr Gura）超越，時至今日，他們也是唯二訂閱數超過三百萬的 VTuber。

除了日本，絆愛更是將事業版圖拓展到海外，在全球動漫界都有相當高的知名度，絆愛的 YouTube 影片至少都附上十多種不同語言的翻譯字幕。

更有創意的是，絆愛將 VTuber 這個概念帶到現實世界中與粉絲見面。絆愛不僅透過網路視訊參加過許多日本海外的動漫節活動，也參與動畫製作，為動畫角色配音，當過短期的日本電視節目主持、直播節目的來賓，參與綜藝節目的客串等等。當年絆愛也曾透過網路視訊和台灣粉絲舉辦見面會，與現場的台灣粉絲進行一問一答的活動。可以說，絆愛在當時就是一位日本家喻戶曉的知名偶像藝人，除了 YouTube 活動外，更是要將 VTuber 這個概念告訴全日本：「別人可以做到的，我也能夠做到，甚至更好。」

直播勢 VTuber 興起後，絆愛與 VTuber 四天王等人也相繼開始進行直播活動，並且與一般直播勢 VTuber 不同的是，絆愛團隊更著重於 CD 歌曲發表、3D Live 演唱會，尤其現今（2023 年）許多 VTuber 團隊、企業才開始著手進行 3D Live 演唱會，絆愛團隊至少領先他們兩年的技術實力。

　　「原點即頂點」可以說是絆愛的最佳寫照。雖然 2022 年絆愛的人氣因為直播勢 VTuber 的興起而極度下滑，但無可否認的是，絆愛在 2017-18 年開創了許多 VTuber 新型的活動模式。

　　經由絆愛本人與團隊不斷嘗試、創新，絆愛創下了極高的人氣以及妙不可言的商業成績。這也讓觀眾和商業界都發現了，過往只能由動畫公司創造動漫人物、劇本家寫劇本、聲優配音，然後在電視、影音平台播放這類的傳統動畫模式之外，VTuber 更具有即時性和極高的互動性，是個嶄新的動漫人物領域。

　　此外，在 2017 年 9 月，隨著自帶動態捕捉功能的 iPhone X 系列手機發售，對於往後 VTuber 技術門檻有大幅降低的傾向，使得在 2017 年年底，大量的 VTuber 開始湧入市場。

彩虹社與直播勢的興起

2018 年可說是 VTuber 元年，主要活動形式大多還是停留在我們所謂的「影片勢」，即以預錄 3D 模組的方式，透過些許的後製、特效，甚至配音，製作出有趣的影片表演形式。

然而，這種形式的缺點是顯而易見的，沒有龐大的製作團隊以及高額的資金，是非常難以進入 VTuber 這個行業的。

2019 年，一種新的 VTuber 表演形式出現在世人眼前，並且澈底改變了往後 VTuber 生態，甚至是現今所有的 VTuber 活動模板。這便是我們這一節所要介紹的：彩虹社與旗下 VTuber 團隊。

「彩虹社」（にじさんじ，Nijisanji）是日本 ANYCOLOR（舊名いちから，Ichikara，為了閱讀方便以下一律稱彩虹社）公司旗下的虛擬主播企畫，成立於 2018 年 2 月 8 日。にじさんじ曾被翻譯為「彩虹社」或是「二次三次」（日文直譯的意思），有兩種意思，一是指公司旗下的虛擬直播應用軟體「にじさんじ」，另一則是公司旗下藝人，也就是虛擬主播的企畫。

剛開始，是日本一間名為 Ichikara 的公司，開發了一款在 iOS 上運行的直播軟體「にじさんじ」，主要是運用 iPhone X 的臉部捕捉功能，套用在所謂的 Live2D 人物角色上，讓 VTuber 直播時有即時的表情變化。

　為了讓更多人認識這套直播軟體「にじさんじ」，彩虹社找來包含月之美兔（月ノ美）、樋口楓、靜凜等後來被統稱為彩虹社一期生的八位虛擬主播，來推廣自家生產的 APP。其中月之美兔便是我們所熟悉的直播勢代表。

　月之美兔的 YouTube 頻道，於 2018 年 2 月 7 日發布第一篇自我介紹影片，之後據本人在直播中表示，與當時的 VTuber 四天王等人的 3D 模組相比，彩虹社提供的軟體以及 Live2D 模組都相當不完善，可以說是在一種「糟糕，這家公司可能撐不過一年。」的印象中進行活動的。例如，當初錄製自

VTuber「月之美兔」示意圖。（奈友繪）

我介紹的影片時，中之人嘴巴要張得特別大，Live2D 模組的嘴型才會有明顯的變動，跟現行已經相當成熟的版本完全不同。

然而，就是在這種克難的情況下，月之美兔跳脫當時 VTuber 影片發布的模式，改以採取遊戲、雜談的方式進行直播。

一開始的人物設定，月之美兔是一位 16 歲，「清楚」（日文意指清純的意思）的女高中生設定。但在第一次直播中，便與觀眾聊起了獵奇系電影，雖然現在「撕皮」、「崩皮」這種行為（即 VTuber 做出顯然不符合虛擬人物設定的行為）可說比比皆是，但在 2018 年卻是很震撼的。

在隨後的直播中，月之美兔不斷透露自己是深度宅宅，玩過不少十多年前的限制級遊戲 GALGAME、使用十多年前的網路用語等表現，為了保持原本的人物設定，她則將這些行為推說是年幼無知時不小心觸碰到的。這樣的反差表演，讓這位 VTuber 快速竄起，不到兩個月便達成十萬訂閱數、二萬人同時在線觀看的成就，並且在日本 VTuber 界投下震撼彈。

以往 VTuber 僅類似一般 YouTuber 這種以企畫、影片為

主的活動方式，現在有了類似於 Twitch 直播主，可以選擇
以直播遊戲、聊天、唱歌的運作模式進行。相對於影片勢需
要耗費高額器材、大量時間後製的大型企畫而言，彩虹社初
期僅有為 VTuber 中之人準備好 Live2D 模組以及一台 iPhone
X 手機，加上當時直播連線也常發生斷線的問題，面對如此
艱難的環境下，變相考驗了中之人的應對能力。

　　直播勢 VTuber 一般一星期直播二至四次，每次半小時
到二小時不等，經過粉絲（或官方）的精華片段剪接，讓沒
有追到直播的粉絲，甚至是第一次接觸該 VTuber 的路人，
都能在最短的時間內獲得新的資訊，直播勢的優勢漸漸顯現
出來。

　　直播勢考驗的就是中之人的臨場反應、有沒有創造笑
點、可否熟練應對觀眾的留言等等，月之美兔剛好擁有這些
獨特的技能。在直播初期就自爆自己是在洗衣機上進行實
況、小時候吃過雜草能夠分析不同種類的味道、因為電腦性
能欠佳只能實況一些不吃效能且較為奇怪的遊戲，這樣反而
創造了直播話題。

　　加上月之美兔是重度 NICONICO 使用者，也是偶像大

師灰姑娘的粉絲，常在直播中和粉絲聊到二次元熱門話題，偶爾還會來一段爆走式的言論，當時這樣的風格是比較少見的，使得月之美兔和粉絲更為貼近，人氣直直上升。

除了月之美兔，彩虹社其他幾位直播勢 VTuber 也互有苗頭，帶著不同的個人魅力嶄露頭角。

彩虹社老闆田角陸緊抓住這個機會，轉型為以 VTuber 為主的事務所，投入 VTuber 市場。原本要發表的 2D 應用軟體「にじさんじ」最後也沒在 iOS 平台上架。

在短短的一個月內，除了原本那八位宣傳「にじさんじ」軟體的 VTuber 直播主外，彩虹社隨即推出了二期生組，以及專職遊戲直播的 GAMER 組，聲音表演連動（即與其他 VTuber 同台演出）、以雜談為主的 SEED 組、男性偶像市場的 VOIZ 組。剛開始時，彩虹社嚴格限定一、二期生 VTuber 各自負責單一領域，並禁止他們互相連動，包括推特的互相追蹤交流。這批男性 VTuber 也創造了 VTuber 界罕見的破百萬訂閱數，為彩虹社帶來女性觀眾市場。

由於各 VTuber 不能連動，只在自己專長的領域直播二、三小時，不但限制了 VTuber 本身的發展，也無法帶動更多的人氣。因此，在 2018 年年底，彩虹社取消了連動和

只負責單一領域的禁令，促使彩虹社於 2019 年開啟了大直播世代。

　　無獨有偶，一位曾開發過遊戲、也創立過網際網路相關企業的創業家谷鄉元昭（暱稱 YAGOO），在 2016 年成立了 COVER 株式會社。原先業務目標鎖定在擴增實境（AR）、虛擬實境（VR）的 COVER 公司，在 2017 年初，看準了絆愛在 2016 年初短短三個月的時間，就達成 YouTube 訂閱十萬的紀錄，以及後續影片勢 VTuber 帶來的熱潮，開始於公司內部著手進行 VTuber 應用程式的製作。

　　2017 年上半年，COVER 開始製作一款可以使用虛擬角色形象進行直播、並能和觀眾互動的程式，將其取名為 HOLOLIVE，並在 2017 年 9 月推出旗下第一位 VTuber：時乃空。

　　與彩虹社的軌跡和時間近乎相同，COVER 在 2018 年開發更簡易的 VTuber 應用程式，並招募 VTuber 宣傳自家程式，也剛好搭上直播勢 VTuber 熱潮，於 2018 年陸續推出：星街彗星（星街すいせい）、櫻巫女（さくらみこ）、白上吹雪（白上フブキ）、赤井心（赤井はあと），也就是後來

被稱為零期生、一期生、二期生等 VTuber。

在 VTuber 發展初期，技術門檻是一項非常難以跨越的問題。雖然早在二十多年前，好萊塢電影就已經擁有類似的技術了。例如，在 2011 年便有類似絆愛那樣使用 3D 動漫模組，加上後製、配音，製作成影片的 YouTube 頻道 Ami Yamato；2012 年也有日本新聞台製作的 WEATHEROID TypeA Airi，以動態捕捉的方式呈現天氣預報的虛擬主播，但這類技術當時無法普及推廣。

直到絆愛帶起了 VTuber 這個新興市場，一些日本企業開始挖掘這具有龐大商機的藍海市場。仰賴科技的進步，過去高額的動態捕捉設備，得以用智慧型手機「克難」地進行動態捕捉，除了彩虹社和 COVER 外，也有數家廠商投入開發其他軟體、APP，讓 VTuber 不論是影片勢還是直播勢，都可以以更簡單、更低成本的方式進行活動。

2018 年，可以說是日本 VTuber 活動轉換成現今直播勢主流的重要年份。然而，誰也沒想到，看似風光的 VTuber 市場，卻在 2019 年為影片勢、2020 年為直播勢分別刮起了兩場大風暴。

四個絆愛與遊戲部事件

先前提過，精美的 VTuber 外皮製作成本大約數萬甚至十幾萬台幣，對於 VTuber 公司而言，如果能在 VTuber 中之人離職後，另找人扮演該 VTuber 延續 IP 週期，那是再好不過的了。然而，VTuber 的中之人是否真能替換呢？在 2019 年發生的「四個絆愛」與「遊戲部」事件後，不論是業者還是觀眾，這才意識到 VTuber 的中之人與 VTuber 本身是不可替換的。

在 VTuber 早期，絆愛等影片勢的 VTuber，無論是影片的企畫、VTuber 角色的動作，甚至角色的表情，背後都是整個團隊的設計和操作。在那時，影片勢 VTuber 的概念，在某些公司看來就是「聲優」配音的概念。絆愛公司的負責人，就是將絆愛中之人稱作「Voice Model（聲音模組）」，希望將「絆愛」這個名稱打造成類似歌舞伎那種「襲名」的概念，也就是之後出現「四個絆愛事件」的起因，這件事重新改寫了大家對 VTuber 的定義。

2019 年中旬，絆愛團隊創始人之一的大坂武史，創立了 Activ8 公司，即是一家 VTuber 經紀公司。剛開始的業務以收編個人勢 VTuber 轉為企業勢，或輔助個人勢 VTuber

為主，並宣布絆愛及許多 VTuber 加入該經紀公司。公司旗下的 upd8 支援企畫，則試圖將絆愛打造成類似歌舞伎那樣「襲名」的概念。為了閱讀方便，接下來我們將絆愛區分為四位：

- 絆愛初號機：2016 年登場，即我們所熟知的絆愛中之人操作的絆愛，也叫「初號愛」。

- 絆愛二號機：「Culle 絆愛」，暱稱「Love 醬」，2019 年 6 月 8 日登場。聲線偏成熟風格，言行與「初號愛」有很大的不同。

- 絆愛三號機:「Sukipi 絆愛」,暱稱「Aipii」,2019 年 6 月 15 日登場。聲線與「初號愛」相似。

- 絆愛四號機:中國愛。

(奈友繪)

　　2019 年 5 月，A.I.Channel 官方推出「四個絆愛」企畫引起大家的討論，出現了使用絆愛模組、後來被稱為絆愛二號機、三號機的兩位中之人扮演著絆愛，以及有明確區隔的絆愛四號機：中國愛。從頻道發布的影片、直播來看，雖然絆愛的虛擬角色模組與過往沒有任何區別，但我們可以從聲音、角色反應、言行舉止來判斷，操作絆愛這個虛擬外皮的中之人，絕對與過去的不同。

　　當年 6 月底，外型與絆愛截然不同的中國愛也開始活動了。

　　同日，絆愛官方公布了新歌《Sky High》，歌詞中的段落寫道：

　　オリジナルはやがて眠る（原型最終將睡去）

　　受けがれた遺伝子が（繼承下的遺傳基因）

　　雪のように降る（將如雪花般落下）

　　這段歌詞讓人不免聯想，過去兩年半陪伴著觀眾的絆愛中之人，是否將被架空？甚至失去絆愛這個角色？這的確令粉絲格外擔憂。7 月時，絆愛在直播中玩了一款粉絲為她製作的遊戲，然而眼尖的觀眾從絆愛的遊戲操控方式發現，這個絆愛並非他們所熟悉的絆愛，而是後來稱作絆愛三號機的

Aipii。

　7 月中旬，官方頻道首次出現二號機、三號機的表演，沒有初號機登場的影片，並且在此之後，絆愛初號機的出現次數開始降低，而且網路上開始出現絆愛最初聲音提供者（中之人）春日望的負面推特訊息。

　同年 8 月，絆愛二號機與三號機出場次數開始大幅增加，並且做出了許多與絆愛初號機不同的言行舉止，引發許多揣測。因為在 2018 年，絆愛公司就進駐大陸平台 BILIBILI，所以不論是中文圈還是日文圈，粉絲都十分關心絆愛初號機的中之人，未來是否持續扮演著絆愛這件事情。

　然而，面對許多反對「四個絆愛」企畫的網路言論，Activ8 依舊一意孤行，決心推動二號機、三號機，以及中國愛三位不同版本的絆愛，造成絆愛的粉絲數嚴重下滑，甚至在日本著名活動 COMIC MARKET 中，絆愛的官方周邊呈現銷量下滑的趨勢。二號機與三號機相關的影片好評率也相當差，在一些大型活動中，官方人員甚至多次宣稱絆愛沒有中之人，將扮演絆愛的人稱作 Voice Model 等發言，引發軒然大波。事件延燒到 12 月，官方才宣布願意聽從粉絲的聲音，將針對四個絆愛企畫進行調整。

　　屋漏偏逢連夜雨，2019 年日本正好是 HOLOLIVE、彩虹社兩大直播勢 VTuber 起飛的時刻，年初依舊保有相當高競爭力的絆愛企畫，到了年底整體聲量大量下滑，官方才將絆愛二號機、三號機在外型上做出改變。後來的絆愛二號機頭上戴著藍色的 # 型髮夾，三號機則頭上戴著黃色的 * 型髮夾。即使如此，依舊無法挽回「四個絆愛企畫」對絆愛 VTuber 所造成的傷害。

　　最終 2020 年 4 月，絆愛企畫從 Activ8 移至子公司 Kizuna AI 株式會社，並公開春日望就是絆愛初始中之人的事實，以及春日望即將擔任 Kizuna AI 株式會社的董事。5 月開始，二號機與三號機不再以絆愛的身分出現，兩者開新的頻道各自獨立，中國愛則維持原樣，不參與初號機的營運，至此，絆愛企畫完全獨立，結束了絆愛分身事件。

　　事件結束後，雖然絆愛也發表過類似「如果說有四個絆愛，你信嗎？」的影片，以詼諧的方式，調侃所謂的分身絆愛是怎麼回事，又或者如「我要告訴大家聲音改變的真相」告訴大家，最初的絆愛已經回來了等事實。但這已無法挽救絆愛粉絲大幅下滑的趨勢，訂閱數雖然沒有掉得很嚴重，但

影片觀看數則慘跌。

「四個絆愛企畫」事件也讓人們回想起 2019 年 4 月份爆出的「遊戲部事件」。

遊戲部（ゲーム部プロジェクト；Game Club Project）事件，發生於由 Brave group（前稱 Unlimited）所推出的 VTuber 團體企畫。

2018 年 3 月底，遊戲部企畫在 YouTube 上開設了第一個主播頻道。2018 年 11 月 28 日，副頻道「放學後遊戲部」（放課後ゲーム部）開設。在設定上，旗下每位 VTuber 都是居住在東京的高中生，經常以直播電子遊戲，例如寶可夢、任天堂明星大亂鬥，或是日常生活的影片為主。

一開始以影片勢出發、搭上 2018 年直播勢順風車的遊戲部，在全盛時期，是一個訂閱數達四十萬的超高人氣 VTuber 團體。2019 年 4 月 6 日，遊戲部企畫中扮演四位角色夢咲楓、風見涼、櫻樹米莉亞、道明寺晴翔的中之人，在個人推特上控訴公司對旗下藝人的惡性壓榨，包含超過十二小時的連續直播後僅能休息四個小時就繼續上班、有一定程度的勞資糾紛、上司在各社交媒體嚴格監管藝人，甚至有騷

擾私生活的情況發生。

　　這話題在日本討論區 5CH 和推特上，經熱心的網友整理和討論，在推特當日討論熱度甚至一度衝上日本第一、世界第二，讓當時看似風光的 VTuber 界蒙上了一片陰影。當晚，遊戲部出資公司的社長在推特上表示，將會進行調查，等於間接證實了傳言。4 月 11 日，遊戲部公司 Unlimited 發表聲明，坦承了網路上指控公司對藝人非常嚴重且不合理對待的事實，並表示將成立新的部門、安排專屬經紀人，改善遊戲部聲優的待遇，絕不讓類似的事件再次發生。然而，公司卻沒公開表示會處置涉事的員工。

　　一個月後，2019 年 5 月，遊戲部成員櫻樹米莉亞的推特發生了一系列不正常的操作，網友認為可能中之人即將被替換。很快地，6 月份粉絲就發現櫻樹米莉亞聲音與原先的聲線出現落差，隨即引發粉絲的擔憂，外界許多 VTuber，不論是企業勢或個人勢，都在推特上表示聲援。

　　聲音替換風波持續到 7 月中，遊戲部官方才發表公告，表示遊戲部企畫雖然一開始以「VTuber」這個名詞活動，但實際上整體企畫應該更貼近「CTuber（Character YouTuber）」*。以遊戲部官方的認知，旗下 VTuber 屬於公

司資產，不論是企畫或是角色扮演上，都是公司的規畫、設定，中之人並非 VTuber 本身，僅是作為其中的扮演者之一，並將中之人定義為傳統動畫中，為角色配音的「聲優」。此外，這份公告也表示，除了先前已經更換中之人的 VTuber 櫻樹米莉亞外，VTuber 風見涼、VTuber 夢咲楓兩位中之人，也將在 9 月進行替換，並於 9 月份開始，遊戲部企畫將會採用新的體制。

此公告一出，完全推翻了原本 4 月份的公告，遊戲部的粉絲當然完全不買單。

從 2019 年 9 月份開始，遊戲部的影片下方多出了製作者名單，並在 VTuber 的背後直接標註了扮演者的名稱。例如：「 樹みりあ：宮丸ゆめみ（@YumeMiyamaru）」。此舉可說是落實了將 VTuber 視為 CTuber 的製作模式，也證實了從 2019 年 4 月開始，遊戲部四位 VTuber 的中之人將全數被替換掉的事實，遊戲部頻道的訂閱數因此持續下滑。

最終，2020 年 12 月，遊戲部三位 VTuber 宣布引退，

---

* 「CTuber」一詞最早可追溯到 2018 年 9 月，當時 Hello Kitty 以類似 VTuber 的方式，運用 Live2D、3D 模組技術捕捉真人動態，並進行影片及直播表演時，媒體即使用這個詞。

僅剩櫻樹米莉亞轉為個人身分繼續活動，遊戲部企畫頻道訂閱數最終停留在 29 萬。

如今，當大家討論到 VTuber 中之人是否能替換時，網友就會將「四個絆愛」與「遊戲部事件」當作經典的反面教材。

VTuber 這項行業剛盛行時，不論是出資公司、VTuber 製作團隊、VTuber 中之人，甚至是觀眾，都還未對 VTuber 這種新興的表演方式做出定義。起初，許多公司將 VTuber 視為傳統動畫角色，不論外貌還是性格、參與的活動、遊戲、影片演出模式等等，都是由公司全程規畫。因此，當時的 VTuber 即被視為和動漫角色一樣，替換配音員並不會造成太大的反彈。然而，動漫角色的性格、行為等，主要還是由動漫團隊所設定的，這和 VTuber 的情況完全不同。VTuber 不只聲音是中之人的特色，連行為、表情、反應等，都和中之人緊密相連，無法分離。經過這二件 VTuber 界的事件後，大家都確認了這一點。

在這之後，許多 VTuber 公司若旗下 VTuber 企畫即將結束，或中之人契約到期不續約後，即會將替換中之人視為

大忌，不會找尋新的中之人頂替。這種情況下，大多會為該VTuber舉辦「畢業典禮」，象徵該VTuber停止活動的最後演出。VTuber無法更換中之人，可以說是VTuber圈中產生的重要特色文化之一。

龍心事件

日本VTuber市場雖然現今看似欣欣向榮，但扣除COVER旗下的HOLOLIVE、ANYCOLOR旗下的彩虹社，以及少數個人勢，日本網路圈依舊以真人直播主、真人YouTuber為主流，2022年是如此，2019年更是如此。

為此，彩虹社與HOLOLIVE都曾試圖將VTuber推廣至日本以外的地區，例如東亞各國，以及全世界人口最大的地區之一印度，甚至是尚未開發的歐美市場。這些地區都是2019年各大VTuber著重的目標。

2019年VTuber以直播勢盛行，若要推廣至海外，直播勢的語言隔閡勢必要解決。2019年開始，VTuber招募中之人時，也開始注重語言能力，最好是英、日語都能流暢對話。

除此之外，中國擁有十四億人口，也有日本動漫族群，

加上對日本動漫有著深厚接收度的台灣，華語地區的觀眾也是各大 VTuber 公司著重的目標。

彩虹社就曾經在 2018 年推出「二次三次上海」、「二次三次台北」各八位，總計十六位華語系 VTuber。然而，當時 VTuber 風潮尚未踏出日本，這十六位的 VTuber 企畫很快便灰飛煙滅，至 2019 年中便全數畢業（停止活動）。

2019 年 5 月，彩虹社與中國最大動漫影音平台 BILIBILI 合作，發表 VirtuaReal 企畫，從 2019 年開始發布，時至今日已經超過十六期，總計人數突破五十名的華語系 VTuber 存在。雖然，彩虹社在中國的聲望一度被 HOLOLVE 超越，但在 COVER 公司退出中國後，持續與 BILIBILI 合作的 ANYCOLOR 公司，可以說是在中國穩定成長的 VTuber 公司之一。

然而，要在龐大的中國市場生存，就必須特別留意「政治」問題。不論是真人歌手、藝人，以及直播主，也不論國籍，政治都是他們必須面對的問題。

2015 年，在韓國接受 JYP 娛樂練習生受訓、並於女團選拔節目中脫穎而出，成為七名 TWICE 團員之一的台灣籍藝人「周子瑜」，就曾因為表達自己來自台灣，且在節目中

揮舞著節目製作人員準備的中華民國國旗，而遭到中國網友的批判。在大陸擴張版圖的 JYP 娛樂為此事件製作的道歉影片，至今仍歷歷在目。

同樣地，即使身為日本公司旗下的日本 VTuber，也需面對這樣的問題。倘若是影片勢 VTuber，比較不會遇到這種問題，畢竟影片上架前，可以經過多方確認，沒有問題才可以上片（上片後會不會炎上又是另一回事），但直播勢 VTuber 就不是這樣了。

短則一小時、長則可達十二小時，甚至更長的直播勢 VTuber，就時常會面對一些俗稱「小粉紅」的質疑，即使和直播內容無關，也會有許多「熱心的小粉紅」詢問該藝人的政治立場。大多情況 VTuber 會刻意模糊化，不站在任何立場，以避開這樣的問題。

然而，後來還是發生了著名的「龍心事件」。

這邊快速介紹一下事件的關鍵人物：桐生可可（桐生ココ），HOLOLIVE 四期生，2019 年 12 月 25 日以「龍娘」的造型宣布出道。從 12 月 29 日開始，每週一至週五早上七點（日本時間），固定都會播出名為「早安可可」的節目，時間約是二至三十分鐘。節目時間與名稱效仿日本固定的早

晨新聞，但「早安可可」
的內容卻是截然不同的。

「早安可可」的內容
大多取自於前一天晚上
HOLOLIVE 旗下藝人，甚
至是公司社長的事蹟作為
主軸，帶有大量的搞笑、
惡搞、玩哏的模式，在幾
乎不會有其他 VTuber 直
播的時間點，成功吸引到
非常多粉絲。

桐生可可取得 3D 模
組後，節目呈現更多樣

VTuber「桐生可可」示意圖。
（奈友繪）

化，出現許多的 3D 道具，且和其他一同上節目的 VTuber
互動，讓 HOLOLIVE 觀眾得到更多的歡樂和有趣「哏」，
幾乎全社的 VTuber 都曾上過這檔知名節目。

除此之外，桐生可可的人物設定，即是一個曾經周遊列
國、長期生活在海外的歸國子女，在早期的配信直播中就有
大量的英、日語，甚至英語對話也非常流利，藉由語言能

力，桐生可可於 2020 年 7 月 24 日，每週發布固定節目「迷因鑑賞（MEME Review）」，收集了美國社交平台 Reddit 大量的搞笑迷因（MEME），並在節目中分享、談笑。桐生可可可以說是 HOLOLIVE 正式踏入英語圈的推行者。

由於具有強大的語言能力、個人魅力，桐生可可很快就擄獲英語系的觀眾，不論是「早安可可」或「迷因鑑賞」，甚至平日的常態直播，都有許多使用英語的觀眾在聊天室留言，並在桐生可可的推廣下，也有越來越多 HOLOLIVE 藝人相繼進駐到 Reddit，可說是 COVER 公司踏入歐美市場的第一步。

在 2020 年 9 月，出道十個月的桐生可可訂閱數突破六十萬的同時，也成為 HOLOLIVE 史上第一個 Super Chat（超級留言）＊總累積金額突破「一百萬美元」的 VTuber，並且長期保持著 YouTube 史上獲得最多超級留言（累積總金額最高）的創作者，此紀錄直到桐生可可畢業後才被超越。

然而，旗下有著許多高人氣 VTuber 且相當高知名度的

＊ Super Chat 超級留言是一種 YouTube 的贊助方式，可以藉由支付一定的金額，將自己的留言出現在聊天室的頂端標記，是一種小額贊助 YouTuber 直播的方式，同時也是觀眾與 YouTuber 互動的工具之一。

COVER 公司，卻在 2020 年 9 月面對最大炎上事件：龍心事件。

龍心事件，顧名思義便是圍繞著赤井心（赤井はあと）與桐生可可（桐生ココ）兩名 VTuber。這事件規模之大，乃至亞洲、甚至全球各地都引發高度的討論，許多原本沒有在追蹤 VTuber 的觀眾，也是在聽聞這事件後才開始訂閱 VTuber，這或許是眾人始料未及的。

其實，早在 2020 年 9 月以前，HOLOLIVE 藝人就曾因為在直播中提到珍珠奶茶的發源地等事件，導致 HOLOLIVE 藝人在 BILIBILI 的頻道被封禁，都是這一類的小事，COVER 也會在事件後發表公告，強調會對旗下藝人加強「教育」，也算是安全度過公關危機。

然而，龍心事件引發的危機就不只如此了。

2020 年 9 月 24 日，英語能力相當好、也是桐生可可直播常出現的好友之一的 HOLOLIVE 一期生赤井心，在當天 YouTube 的直播節目中提及自己的 YouTube 頻道觀眾分布，並打開後台數據，念出了「日本有 37%、美國有 11%，台灣則有 7%」的資訊。直播的內容也同步在 BILIBILI 平台上。

直播結束後不久，赤井心的 BILIBILI 平台直播間被永

久禁止發言，YouTube 的直播紀錄檔在直播結束後，也被設定為私人影片（一般是自動設定為公開影片）。這件事只引發了一些小規模的討論，尚未演變成大型公關危機。

赤井心直播結束後八小時，9 月 25 日，桐生可可在 YouTube 平台直播早晨節目「早安可可」，同樣也打開自己 YouTube 頻道後台數據，並且 YouTube Studio 中，YouTube 內建文字顯示「上位の国（所在國家）」*。

這次的直播同樣於桐生可可的 BILIBILI 頻道播出，且在出現敏感字眼「上位の国」後馬上被 BILIBILI 停播。桐生可可的頻道也被封禁一個月，隨後被永久封禁。而 YouTube 影片也在直播結束後被轉為私人，之後經過重新剪接，刪除爭議性段落，才得以再次公開。

不只如此，BILIBILI 平台上 HOLOLIVE 所有成員的部分頻道直播、轉播功能也都停止了，當天晚上 BILIBILI 獨占限定的直播也被取消。

當天下午，桐生可可在 YouTube 照常舉行直播活動，面

---

* 「国」在日語中除了國家以外，還有地區的意思。事件發生後，YouTube 官方已將「上位の国」修改為「上位の地域」。

對大批湧入的質疑聲量，桐生可可沒有做出任何回應，僅僅是開啟會員限定發表模式。

與此同時，對於桐生可可及 COVER 公司沒有針對事件做出解釋、反省的動作，知名中國動漫論壇 NGA 也出現了大量不滿的討論。除了桐生可可，許多 COVER 藝人的直播聊天室也湧入許多質疑聲量，一時間風聲鶴唳。

兩天後，9 月 27 日，COVER 官方首次發表中、日、英公告，表達對於本次事件的懲處及道歉，公告中表明，將會對赤井心與桐生可可做出暫停活動三週的處罰。然而，眼尖的網友發現，這三份中、日、英公告，不同語文的版本使用的文字及內容有相當高程度的落差。

在日文公告中，指出兩位藝人洩漏公司機密（YouTube後台數據），以及發現了對民族主義人士欠缺思考的言行，故做出懲處。而在中文公告中，則是增加了對「中日聯合聲明」、「中日和平友好原則」的支持，秉持一個中國原則，並且對藝人進行不恰當的發言、損害部分地區人民感情的言行做出道歉，將會進行內部指導。

此公告後來被稱為陰陽公告，也引發全世界的HOLOLIVE 粉絲激烈討論。中國大部分的粉絲則認為，

COVER 公司使用陰陽公告，未在日文公告中加強一中立場，僅表達藝人對特定地區族群發表傷害言論，是完全不能接受的。而桐生可可的日本及先前捕獲眾多的歐美粉絲則認為，COVER 此公告是向中國市場的收益低頭，試圖滿足中國粉絲，卻忘了公司應尊重各個藝人的政治立場。

在公告後，BILIBILI 桐生可可的官方字幕組宣布解散。原先看似與中國無關、長期在 YouTube 活動的英文翻譯字幕組，也宣布解散，並刪除、隱藏頻道內所有英文翻譯影片，此舉動引起歐美觀眾的反感。原來 HOLOLIVE Moments 字幕組實則為中國人所組織的推廣字幕組。

全球新聞媒體或多或少都有報導這件重大新聞，尤其是台、日兩國。一時之間，全台灣的大型綜合動漫討論區都在探討這件事，許多不了解來龍去脈的動漫族群，也因這件事接觸到 HOLOLIVE 的 VTuber。

在為期三週的懲處期間，HOLOLIVE 許多 VTuber 訂閱數都呈現下滑狀態，與之相反的，則是桐生可可的訂閱數持續增長。

即使如此，中國網民持續在各平台對 COVER 表達不滿，除了推特、各 VTuber 直播聊天室中洗版外，甚至

對 HOLOLIVE 藝人發表誹謗、傷害等言論，讓 COVER 官方不得不再次發表公告，依然澆不熄本次公關危機。中國許多網友甚至發表了桐生可可不離開 COVER 的話，就是 HOLOLIVE 離開中國的言論。

對此，事件延燒了三週後，在桐生可可即將復播前，COVER 於 2020 年 10 月 18 日發表了公告，大意如下：

現在，到處可以看到對敝社所屬的桐生可可等藝人，做出許多無根據、惡意、傷害等誹謗的發言。這樣的行為是我們不能允許的，對於這些散布誹謗言論的人，我們的律師將會提出告訴。

這則公告意味著 COVER 決定放棄安撫中國粉絲，決心全面退出中國市場。此公告一出，BILIBILI 除了 HOLOLIVE 中國組以外的 VTuber，不論是轉播帳號、直播帳號都被禁言，HOLOLIVE 在 BILIBILI 收編的官方字幕組也各自宣布解散。

10 月 19 日早晨，桐生可可在 YouTube 直播「早安可可」節目（可能為預錄的影片）後，字幕出現：

If you hated it...

FUCK U and never come back

與 COVER 的公告相似，等同於桐生可可宣布對自己先前的
行為，沒有任何要解釋的。

很快地，短短不到兩個月，HOLOLIVE 中國組，在有
些沒有畢業回的情況下全數畢業，曾經在中國 BILIBILI 盛
極一時的 HOLOLIVE，至此全面退出中國市場。

龍心事件後續影響

HOLOLIVE 在龍心事件結束離開中國市場後，將下一
個目標放在尚未被 VTuber 大船撞開的歐美市場。

一開始，許多中國網民認為，日本 VTuber 對於歐美觀
眾沒有太大的吸引力，VTuber 在歐美市場僅僅是小眾的次
文化而已。然而 COVER 早在 2020 年上半年，就已經布局
以英語系為主的 HOLOLIVE En 組。

HOLOLIVE En 組於 2020 年 9 月龍心事件前，五位
VTuber 陸續出道，其中頭戴鯊魚造型外套的 VTuber「噶
嗚・古拉（Gawr Gura，がうる・ぐら）」，以近乎光速的
速度，在出道短短四十天（10 月 22 日）便達成百萬訂閱的

成就，不僅是 HOLOLIVE 第一位百萬訂閱 VTuber，也是全球繼絆愛、輝夜月，第三位達成百萬訂閱的 VTuber。直到 2022 年，打破這項四十天破百萬訂閱紀錄的，是彩虹社最強新人「壹百滿天原莎樂美（壱百満天原サロメ）」，才出道十四天就突破了百萬訂閱。

即使如此，古拉依舊保有四個月達成兩百萬訂閱的紀錄，並在 2021 年 7 月超越絆愛，成為史上最高訂閱數的 VTuber。如今古拉已達成四百萬訂閱，海放全世界所有 VTuber*。

當時全球因新型冠狀病毒封城的影響，許多平常沒時間追直播、只能看精華剪輯片段的動漫族群，正好迎接 HOLOLIVE En 組的到來。HOLOLIVE En 組的另外四位 VTuber，也在歐美取得極高的人氣，可以說 COVER 放棄中國市場，決心踏往歐美市場的這場豪賭，取得極大的成功，並且之後陸續推出的其他英語系及印度系 VTuber，也都取得相當高的成績。

---

* 依 2022 年 8 月 31 日的紀錄，全世界 VTuber 訂閱排行榜第一至第三名：Gura 訂閱數 413 萬、絆愛 307 萬（活動暫停中）、森美聲 213 萬。

所謂大難不死，必有後福，2021 年 COVER 公司沒有因為失去中國市場而委靡，反而因為疫情，更多人有更多的時間待在家中，加上先前的龍心事件，許多台、日電視台爭相報導，讓 HOLOLIVE 的名聲更加響亮。對於日本、台灣、歐美的粉絲而言，COVER 選擇斷然退出中國市場、力挺自家 VTuber 的行為，絕對是加分的，並且，對於桐生可可無意識的行為，粉絲認為不應該過於影射政治立場，且 YouTube 後台的用字都是官方設定的，不應該有如此大的懲處。

　　中國的粉絲則完全相反，認為桐生可可的行為存在各種主觀意圖，即使是比較客觀的論點，雖然當下並非刻意，但在之後的復播直播中，桐生可可也完全沒有表示歉意，實質上即是在破壞中國粉絲的愛國心。

　　即使 COVER 已經停止在 BILIBILI 活動，依然會有熱心的「群眾」在桐生可可的直播聊天室、推特洗版，狂丟垃圾訊息，甚至自掏腰包動用超級留言謾罵，讓粉絲完全沒辦法與主播互動，也造成英語粉絲對使用中文的觀眾產生反感。直到 2021 年，桐生可可將封鎖搗亂人士的權利下放至資深

會員＊，才讓洗版的行為稍稍停歇。

事後在一次訪談中，COVER 談起龍心事件。

在龍心事件之前，COVER 公司並沒有公關部門，也沒成立危機處理 SOP；在龍心事件後，公司除了開始招募公關人才外，也成立了風險管理委員會，盡量教育旗下藝人避開各種可能會觸犯的「地雷」。COVER 董事長 YAGOO 就曾表示：「VTuber 的中之人與我們一樣，都是有血有肉的一般人，沒有人不曾犯錯，也沒有公司不曾做錯事。但作為一家公司，我們必須提供 VTuber 強大的後盾，保護他們免於過度甚至惡意的攻擊。」

除此之外，YAGOO 也曾表示，過去一年半在中國的投資，實際上還停留在虧損的階段，且讓人感嘆的是，在高收益、高人氣的 BILIBILI 直播中，各種收益都沒辦法轉換成金流，回流到日本母公司。

除了 COVER 公司外，對於 VTuber 這個產業，龍心事件也引發了其他效應。因為中國字幕組解散的關係，

＊因為若將權利開放給搗亂人士的話，會導致更嚴重的後果，因此遲遲沒有下放。

HOLOLIVE 中文翻譯出現短暫的空窗期,但很快就被熱心的台灣自發字幕組補上了,並且在 2022 年 COVER 官方宣布,只要粉絲的精華剪輯頻道沒有違反一定程度的規範,即可以開啟收益後,甚至還出現了搶著翻譯的狀況。

此外,中國 VTuber 圈也開始發展自己的華語系虛擬主播,截至 2022 年底,也誕生了幾位 BILIBILI 百萬粉絲的 VTuber*。日語系 VTuber 的影響力則在 2021 年開始消退,許多試圖賺取人民幣的日語系 VTuber,都遇到資金無法轉出中國的窘境,並且 BILIBILI 在不確認分紅的條件下,除了彩虹社、絆愛等長期耕耘的 VTuber 公司,個人勢或小型日語系 VTuber 團體,都無法下定決心和 BILIBILI 簽約進行直播。

並且中國的動漫市場,任何與 HOLOLIVE 有關的東西全數被「和諧」,有些跨國企業在日本與 HOLOLIVE 進行商業合作,偶爾也會導致其中國代理商遭到抨擊的事件,此外,很多中國手機遊戲也會將桐生可可等字眼設定為禁止文

---

* 但因為中國政策反覆無常,所有虛擬主播行業都有可能一夕全無。

字，甚至若有 HOLOLIVE 參與配音的動畫、遊戲，都會遇到刪減，甚至是禁播的處分。

2021 年 6 月，桐生可可於某次直播突然宣布將於 7 月進行畢業回直播，並展開為期一個月的盛大慶典。HOLOLIVE 全體 VTuber 都在這段期間與桐生可可連動直播，甚至在最後的畢業回中，也邀請到所有 HOLOLIVE VTuber 參與（有些是預錄），破紀錄的四十九萬人同時線上觀看、推特全球第一、二熱門關鍵字、3700 萬日圓的超級留言，最終維持著 136 萬的訂閱數，為傳奇的 VTuber 生涯畫下句點。

第四章
個人勢、企業勢，和社團勢
VTuber

在這個章節，我們要來談談目前 VTuber 有哪些活動的形式，而各種形式又有什麼優缺點。

我們從專有名詞開始著手，讓讀者可以一步步了解到 VTuber 常見的生態，以及不論是個人又或是企業，是如何將自己推廣出去的。

雖然分類上會有些中間的模糊地帶，仍可以將 VTuber 大致上分為三個類別：

■ 個人勢 VTuber

■ 企業勢 VTuber

■ 社團勢 VTuber

個人勢 VTuber

言下之意，就是指以中之人為主、一個人自立自強發展出來的 VTuber。

個人勢 VTuber 大概有以下幾個優點：

1. 版權獨立
2. 限制較少
3. 無直播時數與業績壓力
4. 無須抽成

1. 版權獨立：個人勢 VTuber 通常會由中之人持有該 VTuber 外皮與姓名的版權。雖然 VTuber 外皮繪製與建模，通常是委外製作，為了避免版權糾紛，在委外製作虛擬外皮的時候，都會簽下所謂的「買斷契約」*，雖然買斷契約會比其他契約來的昂貴，但是長遠來看，可以減少各類的紛爭。

2. 限制較少：個人勢不像企業勢 VTuber，前者在直播企畫上可以有更多元的選擇，不用擔心是否會炎上或是引發爭

---

*繪師繪圖有幾個比較常見的契約型態，分別是：可商用買斷契約、不可商用買斷契約、承租契約（期限限制）、非買斷契約（繪師有權回收外皮人設使用權）。

議。越是大膽的企畫越難在企業勢 VTuber 上發生。例如，台灣 VTuber 界就曾經出現過一個「目標是把自己頻道給 Ban 掉 * 的 VTuber」，在開始直播後便以各種限制級的直播題材瘋狂挑戰 YouTube 的底線，也確實在出道後沒多久頻道就被 Ban 掉了。這樣的爆發性企畫就不太可能出現在企業勢或是社團勢的身上。

3. 無直播時數與業績壓力：大多企業勢 VTuber 都有所謂的「直播時數壓力」以及「業績壓力」。主要原因在於，企業勢 VTuber 的初期成本通常由企業負擔，因此在簽約的時候會規定，例如每週至少要固定直播幾次、每個月總時數要幾個小時等等。還有些公司更會規定，要在多久的時間以內達成一千、二千，甚至是一萬訂閱數，畢竟公司請人來就是以賺錢為目的，如果一個 VTuber 長期無法回收資金，就會導致 VTuber 企畫終止。

個人勢 VTuber 就沒有這個問題，可以說是想直播就直播、想休息就休息，完完全全的盈虧自負。

---

* Ban 掉：網路用語，指 VTuber 因為違反 YouTube 條款，造成整個頻道被刪除的狀況。

4. 無須抽成：如同字面上含意，個人勢 VTuber 因為都是自己著手進行的關係，不論是周邊利潤、平台分紅、觀眾斗內等等，都是實拿實收。企業勢 VTuber 自然會有一定程度的公司抽成。

到這裡，就要講到所謂的企業勢 VTuber 是什麼？

企業勢 VTuber

顧名思義就是在企業名下生存的 VTuber，一般我們會用有沒有「營業登記」來判斷，換個說法就是能否開立統一編號。

企業名下的 VTuber，是由企業招募中之人，依照中之人的特色或喜好來製作 VTuber，抑或是企業事先制定 VTuber 企畫，以此為基準來招募適合的中之人。

以日本 VSPO! 企畫為例，便是由日本企業所設計、專精於 FPS 遊戲的 VTuber 企畫，在招募中之人時，便會考核中之人對於射擊遊戲的實力。

而專注於發展歌唱方面的企業，招募中之人時，就會特別選擇擁有歌唱能力的，每間企業所發展的項目也會不太一

樣。

　　一般來說，企業勢 VTuber 擁有以下幾項優點，是個人勢 VTuber 所沒有的：

　　1. 經紀人與後勤

　　2. 前期資源

　　3. 資金

　　4. 後盾

　　5. 箱推感

1. 經紀人與後勤：經紀人，便是幫助 VTuber 安排事情的人；後勤，是指 VTuber 除了直播以外的所有事情；有時候經紀人也會兼職後勤的工作。

　　在個人勢 VTuber，除了直播時需要全神專注外，如果想要執行更多元的企畫，例如周邊製作、與其他 VTuber 的接洽等等，會花費很多精力和時間，效率也低，這個時候若能有個經紀人，或是企業後勤來處理，就可以事半功倍了。

　　經紀人管轄的範圍十分廣，依各企業的不同，經紀人兼後勤也是常有的事，企業能夠幫助 VTuber 處理例如周邊製作、連動邀請、工商接洽等大小事宜。

　　當企業越大，這些事情可能就有越多專責的人去處理。在某些時候，經紀人也會擔當 VTuber 的顧問，給予頻道發展建議，或是擔任 VTuber 直播不順心時的諮商師。

　　不過以台灣 VTuber 的情況，經紀人身兼多職的狀況還是居多，企業規模都比較小，中之人常需要自行出面處理直播以外的事情。

2. 前期資源：前面提到，VTuber 外皮大約需要新台幣五萬元左右的製作費，而電腦設備大概是四萬元，在越來越競爭的 VTuber 市場上，一個草率的外皮自然沒辦法在剛出道時就吸引到觀眾。

　　然而，要一個素人突然拿出十萬元來投資 VTuber，這對於學生族群甚至是剛出社會的新鮮人，想當然是非常困難的。除了外皮與電腦設備，更不要說 VTuber 直播還需要準備其他的東西，例如：開場前動畫、轉場動畫、背景、封面等等的美術設計，如果中之人本身不具備繪畫和設計能力，這些都是需要金錢砸出來的。如果是直播遊戲，那可能還得額外購買遊戲機、遊戲光碟等裝置。

　　從這些投資來看，加入企業確實可以得到很不錯的前期資源。此外，企業的中之人準備出道之前，還有機會接受所

謂的「培訓」，例如：配音課程、聲樂課程等等，這些看似理所當然的事情，對於沒有資源的個人勢而言，自然是相當令人羨慕的。

3. 資金：這是非常直接也非常現實的，個人勢 VTuber 在頻道開啟收益化前＊，都是所謂的「用愛發電」，即使是通過 YouTube 營利，YouTube 流量分紅在初期也是少得可憐。對於訂閱數少的 VTuber（俗稱小 V）而言，觀眾一個月的斗內金額能有個五千元就要謝天謝地了。企業勢 VTuber 比較不會因為如此而導致沒辦法生活。

有些企業勢 VTuber 甚至會有底薪，雖然可能金額不高，但至少能讓 VTuber 度過人氣尚未上來之前的窘境。同時，因為有企業做後盾的關係，VTuber 想發展出更多元的企畫，例如：模組 3D 化、製作翻唱歌曲等等，有時候就可以向企業申請資金進行。

4. 後盾：這個「後盾」的意思是，當 VTuber 說出了一些爭議性發言，或是在直播中做出了什麼不恰當的舉動，企業能夠出手處理。

＊YouTube 頻道滿一千訂閱數並獲得累計四千小時觀看數，即可開啟營利。

　　當個人勢 VTuber 發出有爭議的言論，即使事後道歉，觀眾也不一定會買單，但若是由企業出面，就能夠以較官方的態度去處理危機。如果是個人勢 VTuber，在初次面對網路酸民的辱罵時，選擇了錯誤的方式去面對，反而會適得其反，使得事情更加複雜化。簡單來說，引發爭議時（不論是有意或無意），有企業可以幫忙抵擋，VTuber 的壓力會比較小，也比較容易把事情處理掉。

5. 箱推感：前面提到，VTuber 的生態十分重視「箱推」，全球第一大箱 HOLOLIVE 正是將箱推發揚光大的代表。同一企業的 VTuber 在連動時，自然而然會產生化學效應，讓 VTuber 的直播更加熱絡。以玩大富翁為例，如果只是一個 VTuber 與三台電腦一起玩，在破產或勝利時，僅僅是輸了或贏了一場遊戲。但如果是兩個以上的 VTuber 一起玩遊戲，我們就可以看到更多的互動，這些互動會使直播更加精采。

　　個人勢 VTuber 固然可以邀請其他 VTuber 一起連動直播，但對方終究不是長久的直播夥伴。企業勢 VTuber 則可以讓粉絲抱著期待，該 VTuber 與同企業下的 VTuber 在這次直播結束後，還會有下次、下下次的連動直播。

社團勢 VTuber

在企業勢 VTuber 與個人勢 VTuber 中間的模糊地帶，則是社團勢 VTuber 的空間。

個人勢 VTuber 大多是單打獨鬥的戰士，但或多或少也會有親朋好友的幫忙，協助處理一些電腦跑不動的問題，或幫忙製作直播封面等等的。又或者，在個人勢 VTuber 所組成的同好會中，可以找到長期合作的遊戲夥伴，在玩需要互動的遊戲時，如 Minecraft、任天堂全明星大亂鬥、雙人成行等等，可以互相支援。當這一「同好會」慢慢擴大時，就會形成所謂的「社團勢 VTuber」。

如此來看，社團勢與企業勢相當類似，有類似同事的 VTuber 可以互相支援、有類似經紀人的親朋好友協助處理直播以外的事情，除了沒有固定的底薪外，最大的差別就在於沒有公司登記。

然而，社團勢 VTuber 的資源落差也非常大，有些社團勢 VTuber 可能比小企業的 VTuber 擁有更多的資源，有的也可能只是二、三個 VTuber 所組成的小團體，彼此有個照應而已。

各種形式 VTuber 的缺點

上面我們看到了各種形式的 VTuber 所具有的優勢和推廣方式，然而它們還是有個別的侷限性，尤其企業勢和社團勢更有相似的缺點。以下我們就整理各形式的缺點，在你個人踏入 VTuber 或企業要執行 VTuber 企畫時，可以先有個了解。

個人勢 VTuber 的缺點

1. 單打獨鬥
2. 高昂成本
3. 缺乏箱推感

1. 單打獨鬥：中之人委外進行 VTuber 外皮繪製、建模師建模後，個人勢 VTuber 直播時通常沒有太多的後援，所有事情都需要親力親為。

當個人勢 VTuber 直播人氣上來後，都要開始規畫除了直播外的準備工作，不論是軟硬體設備建置、直播影片封面、周邊製作、動漫歌曲翻唱、原創歌曲製作等等。除此之外，對一個沒有經驗的新人而言，多半還會遇到一些可能沒

想過的事情，例如：委託繪師拖稿、委託廠商印製的商品不符預期、直播軟硬體出現故障無法排除等等，種種的事件都是個人勢 VTuber 要獨自面對的挑戰。

2. 高昂成本：企業勢 VTuber 具有資金支撐，即使 VTuber 企畫失敗，對中之人而言也沒有太多的損失。但個人勢 VTuber 在享有不被公司束縛的優點時，自然也要面對前期外皮、電腦設備、購買遊戲，甚至是 VTuber 做久了之後需要精進的發音課程、音樂課程等成本，都是個人勢 VTuber 所要承擔的。雖然沒有業績的壓力，但如果一直沒辦法將投資轉換成收益的話，也可能會讓原本快樂的直播蒙上一層陰影。

3. 缺乏箱推感：我們再三提到，VTuber 除非個人魅力極高，否則就有必要揪到 VTuber 同伴一起玩樂、一起開心、一起連動直播，這樣不但能夠創造更多元的直播活動，還能產生吸引雙方粉絲群的拉抬效應。個人勢 VTuber 在沒有箱推的情況下，即使能夠持續穩定的直播，粉絲上升的速度還是會比成功的箱推慢了許多。

這邊建議大家，即使是沒有箱推的個人勢，也可以找幾

個志同道合的夥伴，不一定要有「某某箱」、「某某團體」來拘束彼此，正所謂出外靠朋友，在遇到問題時，能有幾個熟悉的 VTuber 夥伴，能夠一起解決問題，當然是再好不過的事情了。

企業勢和社團勢 VTuber 的缺點

1. 版權歸屬
2. 想做的未必能做
3. 抽成與業績壓力

1. 版權歸屬：企業勢 VTuber，又或者沒有公司登記、但運行制度甚至是規模都可以比擬企業勢的社團勢 VTuber，除了個人帶皮投靠以外，大多虛擬外皮的版權都握在企業或是社團領導人的手裡。

即使 VTuber 企畫做得很成功，然而，當中之人與企業內部出現意見分歧，或企業對中之人的指導方針有所改變時，就容易引燃導火線，尤其是中之人大多數會認為 VTuber 能火紅起來，靠的全是自己的直播，最終導致 VTuber 活動終止。這種情況時常發生，不論在日本或全球各地，都有類

似的事件。

在日本 VTuber 行業剛興起時，就有很多企業壓榨中之人，或是中之人做到一半就落跑的情況發生。

2. 想做的未必能做：企業與社團的 VTuber 相當於該團體的代言人，當企業或社團發展得越大，VTuber 的言行舉止與直播企畫就越會受到規範，沒辦法像個人勢或是頻道初期，想做什麼就做什麼，直播的題材將會受限。

周邊製作也是如此。個人勢在周邊製作上最糟的情況，就是個人資產投入後全沒了，不會影響到他人。而企業或社團在製作周邊時，除了金錢上的考量外，尚須顧慮到團體與周邊廠商聯絡的時間成本等等，如果是一項很難回本的方案，通常在內部審核時就無法通過了。

3. 抽成與業績壓力：如果一個 VTuber 中之人在前期軟硬體設備與 VTuber 外皮，都是由企業或社團提供的時候，當 VTuber 開始營利取得觀眾斗內、接到產品工商業配時，企業與社團就會抽取一定程度的佣金，作為投資的回饋。

如果遇到極端的狀況，簽下了不平等的條約，VTuber 本身做得非常好，但絕大部分的收益都流向企業或社團之手，就會使得中之人心生不滿，導致最後 VTuber 活動終止

的狀況發生。

能夠取得高成就的 VTuber 中之人，如果是在日本的話，通常不缺乏其他類似的工作機會，所以對於企業與中之人來說，一個良好的抽成合約與溝通環境是相當重要的。

最後，我們再重申一次，上述的三大分類在現實中並非涇渭分明，僅僅是為了說明的便利。日本有許多原本是個人勢 VTuber，後來被收編成為企業勢 VTuber，又或是企業勢 VTuber 因為企畫的解散，中之人取得或買下 VTuber 版權，轉而成為個人勢 VTuber。

一點市場小觀察

有些大型企業，會以 VTuber 作為公司的吉祥物或形象代言人，用以宣傳公司的商品。但是，如果企業不熟悉 VTuber 行業的生態，會造成形象代言人在出道後不久就停止活動。

台灣 Yahoo 奇摩也有推出 VTuber「虎妮」，不僅是台灣第一位 VTuber，更是公司的形象代言人，從 2018 年開始活動至今 *，算是很成功的企業勢案例。

我們可以簡單估算，一家企業招募一個 VTuber 形象代言人之後，在前期投入十到二十萬元的建構成本，之後每個月至少要支付三萬元作為基本薪資，這是一筆不小的費用。而 VTuber 的工作時間通常落在晚上六點到晚上十二點之間，且不是每天都要上班。若招募 VTuber 僅僅是作為企業的形象代言人，那就像是大同寶寶或各大銀行的吉祥物，只要印在廣告文宣、實體活動時拿出娃娃裝來用，這樣的 CP 值反而比較高。

　　在 VTuber 行業發展初期，許多企業囫圇吞棗地以公司吉祥物的型態推出了 VTuber，卻缺乏長期規畫，通常會出現買新聞、出道沒多久便早早收場的狀況。在 2018 年到 2020 年，就有眾多類似的案例。而初期存活下來的企業勢 VTuber，目前的活動方式大部分還是以直播勢為主。

　　日本的 VTuber 經紀公司的狀況或許可以給我們一點啟發。在最初期，HOLOLIVE 所屬的公司 COVER 株式會社，以及彩虹社所屬的公司 ANYCOLOR 株式會社，兩家公司一

＊虎妮曾經換過中之人，不過替換之前已取得粉絲、官方，和中之人三方共同達成共識，讓第一代虎妮做了一個完完整整的畢業回後一個月，才開始讓第二代虎妮以新的造型登場。

開始都是主打 VTuber 的服務軟體，藉由外部招聘 VTuber
使用自己的軟體來宣傳，後來就轉型成為專注經營 VTuber
企畫的經紀公司了。

　　以台灣 VTuber 現況來說，裁培 VTuber 的企業或經
紀公司，制度與資本完善的屈指可數，超過八成以上的
VTuber 還停留在兼職階段。沒有肥沃的土壤滋潤，即使誕
生了開花結果的 VTuber，也很容易發生炸箱、畢業的情
景。

　　當然，如果你當 VTuber 的目的純粹只是開心，沒要賺
錢營利的話，個人勢 VTuber 是最單純的。許多本身有正職
也喜歡 VTuber 直播的人，下班回家後閒暇之餘，就會簡單
繪製虛擬外皮，開直播玩玩遊戲，不在意收益和人氣成長。

　　不過，如果你有能力、想出名、想斜槓副業，或喜愛
VTuber 文化，希望在推廣之餘也能有點進項的人，在考慮
要成為個人勢或企業勢 VTuber 時，就需要多多思量，究竟
是純粹的個人勢適合自己，還是具有更多資源的企業勢符合
自身的需求。

第五章
全球 VTuber 現況

　　說完了歷史和運作模式，以下我們將介紹當前幾個 VTuber 發展比較快的地區，如日本、歐美、印尼、中國和台灣的市場現況。

　　前面提到，因為科技進步與網路媒體發達的影響，全球各地都開始發展自己在地的 VTuber 文化。然而，卻因受限於當地文化、網路普及率，甚至是政治因素的影響下，VTuber 剛出來的前兩年，並沒有在全球引起軒然大波。

　　大約要到 2018 年左右，除了日本以外的 VTuber 才開始慢慢有起色，許多企業於該年開始試圖投入 VTuber 文化，但因為尚未掌握當地網路文化的情況下，多半以失敗收場。

　　多數國家剛開始發展 VTuber 時，受制於技術瓶頸，大多以企業勢（也就是企業行號）為投資目的。這樣的發展有許多優點，例如人物建模會比較優質，VTuber 中之人招募時，有更多的人才篩選，VTuber 出道的前期能獲得比

較多資源等等；但這樣的發展也有一大隱憂存在，多數的企業並沒有將 VTuber 視為長期投資的項目，更多的是將 VTuber 視為公司的吉祥物，宣傳公司的新產品等，甚至有些 VTuber 本身就是公司員工，僅僅被視為「工作」兼職。

因為這些企業勢的 VTuber 只是吉祥物，偶爾才和粉絲互動，與當時興盛的直播勢 VTuber 和粉絲互動的模式不同，直播勢正因為投入大量時間直播，不論是歌唱、玩遊戲和粉絲互動，或是與其他直播主、藝人互動，知名度才會不斷提高。對於許多小企業而言，如果本身不是經營 VTuber 相關的軟、硬體設備，往往沒辦法接受這種看似沒有產值的項目，因此選擇早早退場。

這種從公司發布 VTuber 企畫，到發現無法回收成本而快速退場的過程，在 2018、2019 年間，那些試圖複製日本 VTuber 模式的國家都曾發生過。直到 2020 年，透過那些默默耕耘、兼職性質的個人勢，以及企業為了知名度而長期打造的企業勢，才慢慢將該地區的 VTuber 熱潮拉起，之後其他新投入的企業，才願意以長遠的目標來看待 VTuber 這個項目。

下面我們除了介紹 VTuber 創始國日本外，還會介紹因

HOLOLIVE En 組所開發的英語歐美市場，以及擁有世界第四大人口數的印尼、世界第一大人口數的中國，還有我們台灣本地的 VTuber 現況。

日本

目前，日本作為 VTuber 起源國，在全球市場上占據了近乎所有的聲量。以 COVER 公司旗下的 HOLOLIVE & HOLOSTARS（兩者合稱 HOLOLIVE Production）與 ANYCOLOR 公司旗下的彩虹社，分屬兩大勢力，而這兩家企業的發展則是兩種截然不同的走法。

HOLOLIVE Production

HOLOLIVE Production 可以分成幾個部分來說明。HOLOLIVE 是女性 VTuber 所組成，而 HOLOSTARS 則是男性 VTuber。由於公司策略的關係，男、女 VTuber 不常連動（共同直播），通常僅在公司大型活動時一同出現，例如年末全體演唱會時，才會一起出來表演，不過英語組比較沒有這個狀況。

在 HOLOLIVE 出道的女性 VTuber，頻道剛創立的一個

禮拜內，即使不做任何的影片上傳、直播，僅有放上頭像的頻道，訂閱數也會突破十萬。HOLOLIVE 六期生（即第六代）出道的首次直播（初配信），更可達到十萬人這種驚為天人的同時觀看數字。在日本若能進入 HOLOLIVE 當 VTuber，可以說是必定成功的一條路。

當然，這扇成功的大門，也不是輕而易舉就能打開的。即使 COVER 公司目前是處於隨時開放讓任何想成為 VTuber 的人投寄履歷，但可想而知競爭是極度激烈的。

日本地下偶像＊、聲優、藝人、直播主等行業都十分盛行，懷抱著成名願望的少男少女，在百舸爭流的演藝事業中，選擇轉換成當下蔚為風潮的 VTuber 人才也大有人在。

對於大型經紀公司而言，篩選新人時，擁有演藝經驗、曾上過舞台表演，又或者是有特殊技能的投稿者，自然而然成了優先人選。現在活躍的 VTuber 也不乏曾經歷過聲優演出、但過程不順遂的人才，這些人在成為 VTuber 之前，就接受過唱歌、跳舞、主持，甚至是配音等專業訓練，若得到企業的高度支援，極有可能因此一炮而紅。

＊地下偶像指沒有通過經紀公司出道的藝人或團體，他們以本地演出為核心，通常不會出現在主流媒體上。

雖然在 HOLOLIVE 創立初期，公司就曾推出過沒有演藝經驗、也沒有網路直播經驗的「素人」，一進入 HOLOLIVE 就取得極大成功的例子。我們可以從許多蛛絲馬跡得知，例如中之人的聲音、喜歡的動畫、擅長的才藝來推測他們之前有沒有網路直播的經驗。現在在 HOLOLIVE 的許多 VTuber，過去都曾在 NICONICO 網站的全盛時期活躍過。

　這兩年 HOLOLIVE 推出新人的速度有刻意放慢步調，日本本土的 HOLOLIVE 一年大約只推出五位新人，想進入 HOLOLIVE 可說是極具競爭力，新出道的成員很可能是已經小有名氣的直播主。

　日本 HOLOLIVE 的 VTuber 目前總計約略三十五人，其中有超過二十人訂閱突破百萬。

　而主打印尼市場的 HOLOLIVE Id 組，九位 VTbuer 則有三位突破百萬訂閱；主打英語歐美市場的 HOLOLIVE En 組，十位 VTuber 則有五位突破百萬訂閱。COVER 公司的男性 VTuber 稱為 HOLOSTARS（日本市場），以及 HOLOSTARS En（英語市場），總計約略二十位男性 VTuber，訂閱數落在十萬到三十萬之間。以上人數與訂閱數會隨著時間而有所改

變。

　　因絆愛至今仍暫停活動，HOLOLIVE 已經成為全球
VTuber 市場中最廣為人知的存在，甚至可以說是全球最大
箱也不為過。不過因為龍心事件的影響，HOLOLIVE 在中
國已經自帶所謂的「辱華」屬性，有投入耕耘中國市場的
VTuber 以及企業行號，在與 HOLOLIVE 接觸就會格外小
心，先前甚至出現過日本手機遊戲與 HOLOLIVE 推出合作
角色，導致該手遊的中國代理版本慘遭「炎上」，又或是
說，中國品牌會自動忽視 HOLOLIVE 這個合作夥伴。

　　與之相對的，是 HOLOLIVE 正式於 2023 台北國際動漫
節與開拓動漫祭（Fancy Frontier）FF40 參展，這兩個展分
別為台灣動漫活動中，官方屬性與同人屬性（男性向）參展
人數最多的兩大活動，可以預想作為 HOLOLIVE 斗內大軍
的台灣，未來將會有更多 HOLOLIVE 的線下實體活動讓觀
眾參與。

彩虹社

　　目前男性 VTuber 則是彩虹社較具優勢。

　　第三章提到，由 ANYCOLOR 公司推出的彩虹社，也是

台北動漫節入場排隊人群。HOLOLIVE 亦會來台參展。

讓直播勢 VTuber 成為業界主流的開頭。

彩虹社與 HOLOLIVE 對於推出新人的方向完全不同，彩虹社採取人海戰術，以極高的速度產出各式各樣不同的新人 VTuber。光是在 2018 年與 2019 年，短短兩年的時間就推出超過百名 VTuber。雖然在 2020 年有所減緩，但 2021 年開始卯足全力推廣英語市場的彩虹社，也在 2021 年與 2022 年，這兩年的時間推出了將近三十位的新人 VTuber，相對於 HOLOLIVE 與其他 VTuber 公司而言，彩虹社甚至會被一些人戲稱是在洗 SSR（Superior Super Rare〔超級稀有的角色〕）。

2022 年 5 月 24 日首次直播的彩虹社 VTuber「壹百滿天原莎樂美」，於出道後十四天的 6 月 7 日，成為目前最快達成百萬訂閱的 VTuber。

在彩虹社出道的新人，多數以團體作為出道主力，直播節目相當多元，每個 VTuber 的專長也有所不同，有擅長雜談屬性的委員長月之美兔，也有遊戲專長的葉與葛葉，後者更是日本極為罕見的男性百萬訂閱 VTuber。

擁有超過一百五十位 VTuber 的彩虹社，男女比例不像 HOLOLIVE 那般不均，甚至可以說，男性 VTuber 在彩虹社

出道，比較不像 HOLOLIVE 會有刻板印象，只能做些特定的主題。許多常人沒想過的企畫，在彩虹社崇尚自由、不會特別拘束旗下 VTuber 的風氣下，更常出現一些令人注目的題材。

挾帶著龐大的人氣，彩虹社母公司 ANYCOLOR 於 2022 年 6 月，正式於東京證券交易所上市，為日本第一家以 VTuber 為本業的上市公司，備受市場矚目。股價在當年 10 月一度漲到掛牌價的兩倍，但在市場熱度過去後，以及全球大環境的影響之下，目前已回到與掛牌價差不多的數字。

但是，公司急速擴張也有顯而易見的缺點。彩虹社的新人在享受箱推之力的初配信（第一次直播）後，接下來能否穩固粉絲群以及拓展新客群，主要還是依靠該 VTuber 個人的努力，公司的支援不像其他人數不多的 VTuber 公司。在彩虹社資源有限的情況下，沒辦法大紅大紫、出道後沒多久便畢業的 VTuber 也大有人在。

台灣因為影片流量的關係，彩虹社的翻譯精華影片數量較少，粉絲數量與網上討論度，比起 HOLOLIVE 相對少很多。

在龍心事件後，彩虹社逐漸站穩在中國影片網站

BILIBILI 的市場，成為 BILIBILI 內日本 VTuber 少數存活的勢力。不過，由於彩虹社對旗下藝人活動方針本來就比較寬鬆的關係，並不是所有彩虹社的藝人都會在 BILIBILI 進行直播。

除了 HOLOLIVE 與彩虹社之外，日本還有許許多多的個人勢、社團勢、企業勢 VTuber，目前在統計上，日本在 2016 年絆愛 VTuber 出道宣言發表之後，VTuber 的人數在短短六年內，已經成長到超過一萬三千名 VTuber，以下僅列出幾位較有知名度的 VTuber。

企業勢

.LIVE：為 APP LAND 株式會社旗下的 VTuber 企畫，以 VTuber 四天王之一的電腦少女 Siro 起步的 VTuber 公司。旗下除了 Siro 之外，還有曾經隸屬於偶像部企畫的知名 VTuber 數名。

Brave Group：曾因推出知名 VTuber 遊戲部企畫廣為人知，但因為發生了著名的遊戲部事件後人氣大跌，前些日子經過公司合併、收購後，目前現有活動的 VTuber 企畫如：

RIOT MUSIC、青桐高中、VSPO! 等等。其中 VSPO! 以射擊遊戲（FPS）為主打，每位 VTuber 訂閱在十萬到四十萬之間，伴隨著日本 APEX 的熱潮，儼然成為一股新的 VTuber 勢力。

Noripro：漫畫家佃煮海苔男組建的 VTuber 事務所，以犬山玉姬為首的 VTuber 經紀公司，旗下 VTuber 的人設大多是佃煮海苔男所繪製。目前活躍的 VTuber 除了犬山玉姬外，還有白雪みしろ、愛宮みるく等約十名 VTuber。

個人勢

由於製作成本大幅下降，以興趣為主的個人勢 VTuber 在世界各地非常活躍，也有不少人曾是企業勢、後來因為企業解散，或是個人買下版權而成為個人勢。反過來說，也有曾經是個人勢，之後被企業帶皮召募過去成為企業勢的 VTuber，在此僅介紹三位對台灣觀眾而言知名度很高的 VTuber。

未來明：VTuber 四天王之一，原本是企業勢 VTuber，因為原公司企畫解散，未來明成為沒有公司的個人勢 VTuber，目前持續在活動中。

　　茸茸鼠：2021 年在日本出道，因為製作了一部觀賞台灣迷因的直播影片而爆紅。本身曾經在台灣生活過，中文能力非常不錯，因此廣受台灣網民喜愛，直播時的聊天室更是以中文為主。

　　HIMEHINA：HIMEHINA 是田中姬（田中ヒメ）與鈴木雛（铃木ヒナ）的雙人組合 VTuber，是早期影片勢 VTuber 存活至今的大前輩。這位 VTuber 在 2022 年的一項創舉是，以一億日圓向原公司購入虛擬外皮與創作音樂版權，創立屬於自己的公司，成為完全獨立的企畫。雖然這不是第一宗由 VTuber 中之人向公司購買版權的案例，但 HIMEHINA 本身頻道擁有超過七十萬訂閱數，是屬於相當高人氣的 VTuber，這樣的頻道以一億日圓買下版權，可以說是給業界建立了一個標竿。

　　此外，英語圈還有許多企業勢與個人勢 VTuber 存在，除了在 YouTube 平台外，Twitch 也有諸如 SHOTO、鯨虎，或是 KSON 這種 Vtype* 存在。

---

* **Vtype** 是一個新名詞，在台灣可以理解為一個真人實況主，同時又擁有虛擬外皮的實況節目，這個虛擬角色不一定有人物設定，可視為實況主本人的虛擬身分，或是另一種實況表演方式。

歐美

　　英語屬於目前全球最強勢的語言之一，所以我們通常將英語系 VTuber 這個分類，泛指那些能夠使用流利英語，並且直播語言主要為英語的 VTuber，並不是專指在美國或是英國的 VTuber。

　　實際上，目前最紅的 HOLOLIVE En（English）組，裡面有許多人的母語並非英語，這也代表了這些 VTuber 多半能使用兩種以上的語言做直播。

　　在日本以 HOLOLIVE 起家的 COVER 公司，原本試圖往中國發展，但後續因為各種炎上事件而導致失敗，讓 HOLOLIVE Cn 組全體畢業（解散）。

　　但在 HOLOLIVE 宣布離開中國的前幾個月，2020 年 9 月，HOLOLIVE 推出了震撼歐美 VTuber 市場的 HOLOLIVE En 組，森美聲（Mori Calliope ／森カリオペ）、小鳥遊琪亞拉（Takanashi Kiara ／小鳥遊キアラ）、一伊那爾栖（Ninomae Ina'nis ／一伊那尔栖）、噶嗚・古拉（Gawr Gura ／がうる・ぐら）、華生・艾米莉亞（Watson Amelia ／ワトソン・アメリア），總計五人，宛如黑船事件（在日本鎖國時期，1853 年美國海軍直接把軍艦開進江戶港，逼

迫日本解除海禁，開放通商）般席捲英語歐美市場。

雖然，之前也不是沒有講英語的 VTuber，但在 HOLOLIVE En 組出現前就有許多公司行號，包含彩虹社在內，都試圖打造過英語系的 VTuber，這些人不能說完全沒有名氣，然而從商業角度而言，最終幾乎都以失敗告終。

在 HOLOLIVE En 組出道之前，HOLOLIVE 當時斗內金額最高的桐生可可就定期會製作全英語直播節目，先行撬開了歐美市場，之後由日本當時數一數二的 VTuber 公司推出的 HOLOLIVE En 組，自然格外引人注目。

況且，HOLOLIVE En 組五個人都是所謂的 SSR 角色，各有專精的才華，不論是歌唱、遊戲、聊天、繪畫，甚至是迷因創造力，都遠遠超出一般人。這五位 VTuber 在出道之前，或多或少都曾相當長時間參與動漫 ACG 等相關活動，又是土生土長的英語人士，對於在地文化也是相當熟悉。

除此之外，五人之中的「噶嗚‧古拉」在出道第一天，就創造嶄新的迷因，並在各大英語論壇中瘋傳，隨之而來的便是在出道四十天後，突破一百萬訂閱數，成為 HOLOLIVE 唯一、全球唯三的金盾級 *VTuber，並且正式打開了女性 VTuber 英語文化圈。

在 2020 年 9 月出道的 En 組，五人全數在 2021 年 5 月都達成了百萬訂閱，噶嗚·古拉在同年 6 月訂閱數突破訂閱數最高的絆愛（297 萬），7 月成為第一位突破三百萬訂閱的 VTuber，時至今日已突破四百萬訂閱數。

此後，HOLOLIVE 又推出了其他幾位英語系女性 VTuber，也取得相當高的訂閱數與網路聲量。

但在 2022 年推出的 HOLOSTARS En 組，也就是 HOLOLIVE Production 裡的男性 VTuber 英語組，就如同日本本土的 HOLOSTARS 一樣，並沒有引發熱潮。不管是日本、歐美、印尼，COVER 公司在女性 VTuber 市場中，都取得極大的成功，但在男性 VTuber 市場，依舊無法像彩虹社那樣擁有極高的人氣。

在歐美市場，男性 VTuber 目前可以說是彩虹社的天下。

彩虹社於 2021 年 5 月，正式對歐美市場全面推出英語系為主的 VTuber NIJISANJI En，並且仿效在日本的做法，近乎兩個月就會推出新組合（人數在三到五人之間的

---

*YouTube 上訂閱數達十萬，將會獲得 YouTube 公司贈送的銀色獎牌，俗稱銀盾，而百萬訂閱數的則會獲得金色獎牌，俗稱金盾。

VTuber 團體），這樣的人海戰術在 2021 年 12 月出道的組合有「Luxiem」：Luca Kaneshiro（ルカ・カネシロ）、Shu Yamino（闇ノシュウ）、Ike Eveland（アイク・イーヴランド）、Mysta Rias（ミスタ・リアス）、Vox Akuma（ヴォックス・アクマ）五人，取得相當大的成功。

Vox 與 Mysta 目前已達成百萬訂閱，其餘三人也緊追其後，可能在本書出版的此時此刻，他們就達成了五人皆百萬訂閱的成就。

要知道，全球男性 VTuber 能達成百萬訂閱的，也就僅有彩虹社耕耘已久的兩位男性 VTuber，Luxiem 組合的成功更展現出了彩虹社與 HOLOLIVE Production 兩個截然不同的面向。

Luxiem 不僅在歐美圈有著高人氣，就連華語圈也有非常多女性粉絲。而在台灣開辦的 Luxiem 快閃店，就引發了排隊熱潮。因為彩虹社有進駐 BILIBILI，Luxiem 成員開設 BILIBILI 限定直播時，也吸引了大批的中國粉絲。

印尼

COVER 公司與 ANYCOLOR 公司再次將眼光放在

世界第四大人口數的印尼市場，推出了 HOLOLIVE Id（Indonesia）組與彩虹社 Id（NIJISANJI Id）組。

印尼在 VTuber 發展上是一個相對優質的環境，仰賴於印尼當地 VTuber 本身的個人魅力為主。

　　印尼的 VTuber 以英語、日語、印尼語為主，加上許多高瞻遠矚的企業或社團長期栽培 VTuber，而較少作為公司吉祥物出道的 VTuber。因此，印尼語系的 VTuber 相對於其他國家，算是發展得相當不錯。

　　男女混搭的 VTuber 組合在印尼相當常見，這些 VTuber 大多都有多重語言能力，印尼語自然不在話下，英語與日語也是他們常用的語言，不僅能利用英語或日語翻唱當地的流行歌曲。對於觀眾而言，即使知道該 VTuber 是屬於印尼組的，但只要 VTuber 使用的語言是自己聽得懂的，其實是哪裡人也就不太重要了。HOLOLIVE Id 組更是以英語直播為主軸，也能夠與 HOLOLIVE En 組進行連動直播。

　　印尼組當中，甚至有些是在印尼起家，之後在日本開設 Jp 組的公司存在，能夠逆輸入 VTuber 至日本這個 VTuber 大國，目前也只有印尼公司辦得到，可以說是相當了不得的成就啊！

中國

前面提到，COVER 公司因為龍心事件全面退出中國市場，目前中國的虛擬主播，一般稱呼為 VUP（虛擬 UP 主），大多在 BILIBILI 以及 AcFun 這兩個網站活動。

因為政治因素，中國市場比較不容易進入，在 2018 年至 2020 年之間，有許多日本人氣比較普通的 VTuber 曾經進駐到 BILIBILI 進行直播，但也都慢慢地退出或沒專注在經營中國市場，會造成這樣的其中一個主要原因，就是資金較難以轉出。曾經有日本 VTuber 公開表示，即使在 BILIBILI 獲得觀眾的斗內，也無法將資金輕鬆地從中國轉出；另外，不穩定的網路，或直播時說出一些「政治不正確」的發言，很有可能頻道就會遭到禁言，讓許多中國以外的 VTuber 對這個具有極高人口紅利的市場望而卻步。

目前在中國市場活動最成功的，除了幾個在 2018 年就打下基礎的 VTuber 外，彩虹社也取得相當高的成績。不過要注意的是，這是因為彩虹社人數非常多的關係，並不是每個彩虹社成員在中國市場都能取得好成績，多數人僅僅是將 BILIBILI 視為類似 TikTok 這樣的平台，授權 BILIBILI 官方翻譯頻道、上傳直播精華，甚至有些人只有開立 BILIBILI

帳號，但沒有實際的活動。

龍心事件之後，中國 HOLOLIVE 的粉絲群龍無首，龐大的市場突然空了出來，有人將其比喻為「鯨落」現象，也就是大海中的鯨魚死去之後，屍體將成為大量的養分，使該地區的生物繁榮起來，以此來形容 HOLOLIVE 的離開，而造就 2020 年底崛起的中國 VUP。

2021 年開始，中國本土的 VUP 開始在 BILIBILI 大量崛起。BILIBILI 本來就是動漫影音起家的網站，對於虛擬主播更是關愛有加，在 BILIBILI 有虛擬主播的專區，也曾舉辦過各種 VUP 的線下活動。

因為語言和人口數的紅利，加上疫情期間長時間關在家中，網路使用量大幅激增的緣故，中國 VUP 在 2021 年至 2022 年迎來宏偉的成長期，原本從事 HOLOLIVE 精華剪輯的人員也加入了這波潮流，讓中國本土 VUP 完全取代了原本 HOLOLIVE 的市場。

在 2022 年年底，BILIBILI 已經有超過二十名百萬粉絲的 VUP，以及數百名破十萬粉絲的 VUP，但礙於網路政治的關係，BILIBILI 與 YouTube 觀眾社群重複度極低。目前在中國 BILIBILI 活動的 VUP，以及在 YouTube 活動、以全世

界為範圍的 VTuber 相比，不論是粉絲或是虛擬主播都成為了高度分裂的狀態。

此外，台灣本土 VTuber 同時具備在兩個平台直播的語言優勢以及網路紅利，雖然於 2018 年至 2019 年有不少人曾經到 BILIBILI 活動，但也因為政治因素，以及台灣本土粉絲群在 2020 年後人數顯著增加的情況下，目前台灣本土的 VTuber 活動普遍還是以 YouTube 為主。

台灣

台灣的 VTuber 起步時間非常早，在 2018 年，由 Yahoo 奇摩率先推出 VTuber 虎妮，開始了台灣 VTuber 文化。但十分遺憾的是，直到 2020 年年底，活動長達兩年的虎妮訂閱數也僅僅來到三萬的訂閱，卻已經是整個台灣 VTuber 社群的第二名。

台灣網路動漫環境可以說是相當的繁榮，早在 2008 年起，實體動漫展活動就能吸引單日近十萬人入場，2010 年到 2016 年，憑藉著智慧型手機的興起，台灣動漫族群有明顯倍增的趨勢，到了 2020 年，在木棉花動畫代理公司、巴哈姆特動畫瘋影音平台等正版風氣的帶動之下，台灣動

漫族群的消費力也在逐年地上升。然而，台灣的 VTuber
卻沒有從這股成長中汲取到好處。日本 VTuber 始祖「絆
愛」於 2016 年登場、日本直播勢 VTuber 於 2018 年興起，
HOLOLIVE 與彩虹社互相競爭成長的 2019 年，當時日本即
已進入 VTuber 戰國時代，台灣 VTuber 的觀眾依舊停滯在
原地。

　　雖然 2020 年 2 月出道兩年的杏仁ミル（杏仁咪嚕／あ
んにんみる，Annin Miru），成為了台灣第一個突破十萬訂
閱的 VTuber，並於 6 月突破二十萬訂閱，但這主要因為杏
仁ミル中之人是中日混血，能夠進行非常流利的日語對話，
吸引了部分日本觀眾，且有大部分的粉絲來自於與其他非
VTuber 的網路直播主連動的人氣，例如與阿神、鬼鬼等人
一同遊玩當時最夯的遊戲 Minecraft。

　　雖然杏仁ミル也有與其他台灣 VTuber 一起玩遊戲，
但礙於觀眾欣賞的習慣不同，無法將頻道人氣引流至台灣
VTuber 圈，這樣的現象有許多的因素存在。

　　在 2020 年上半年，日本 VTuber 還沒有成為動漫圈家
喻戶曉的情景，而台灣 VTuber 的觀眾群，多半也會以日本
VTuber 為主要觀賞對象。

　　因為長年觀賞日本動畫所累積下來的日語能力，台灣有一些能以極快速度更新日語、英語 VTuber 直播精華的 YouTube 頻道存在，加上動漫族群長年根深柢固的「中配（中文配音）」不如「日配」的觀念，也潛移默化地影響台灣 VTuber 的發展。

　　直到 2020 年下半年，台灣乃至於全球 VTuber 市場迎來三項重大的轉折：龍心事件、HOLOLIVE En 組出道、超高人氣新人「台 V 四天王」出道。

　　2020 年 9 月，中國引爆的龍心事件，不只在日本與中國網路發酵，就連台灣新聞媒體也有報導。長年因為政治因素的影響下，台灣動漫族群一時間充斥著關於 HOLOLIVE VTuber 的訊息，加上 HOLOLIVE En 組的出道，在 YouTube 演算法的運作下，很多人的 YouTube 首頁也出現了許多 HOLOLIVE En 組的翻譯精華，讓台灣原本沒有觀賞 VTuber 的動漫族群也開始了解、觀賞 VTuber。

　　而 2020 年下半年出道的幾位台灣 VTuber，一出道時就吸引了部分無法追隨日語直播的觀眾，又因為各種敢說、新奇、特別的直播內容，引起了台灣觀眾的興趣，進而開始轉向接觸台灣 VTuber。台灣 VTuber 可謂花了足足兩年的時

間，在許多前輩的努力支撐下，搭上了天時地利人和，才迎來了爆發性的成長。

在觀眾需求大增的情況下，台灣 VTuber 開始擴展藍海市場，2021 年出道的眾多台灣 VTuber，以及辛苦耕耘許久的老前輩，都獲得了不論是人氣上還是商業上的勝利。

當然，人紅是非多，台灣 VTuber 界也曾經發生一些炎上、炸箱 * 事件，不過不可否認的是，台灣 VTuber 於 2021 年迎來所謂的「台 V 元年」，破十萬訂閱的 VTuber 不再只有杏仁ミル一人，原本一、兩萬訂閱就很了不起的狀況也煙消雲散，台灣 VTuber 開始可以將人氣轉換成收益，讓台灣 VTuber 不再僅限於「興趣」、「個人嗜好」的階段。

有鑑於此，許多原本就是 VTuber 愛好者的受薪階層，開始規畫完整的 VTuber 經紀公司，目前以推出了三期 VTuber、剛開始是以圖文起家的春魚工作室所創立的 SquareLive，為市場上最成功的案例。

---

* VTuber 文化中，多個 VTuber 組成的團體會稱之為「某某箱」，各 VTuber 間相輔相成，可以在直播互動，增加彼此的感情，並帶給觀眾不同的樂趣。但當團體出現裂痕，甚至因合約問題對簿公堂，導致團體解散，則稱其為「炸箱」。

春魚工作室最早於 2019 年推出平面 IP：「瀕臨絕種團」和「終端少女」，以圖文為發展主軸。隨後在 2021 年先後推出了「終端少女：平平子」、「瀕臨絕種團：No.Fifteen Ch. 十五號、Lutralutra Ch. 露恰露恰、Obear Ch. 歐貝爾」，作為春魚一期生，並於同年年底推出二期生「惡獸時代 Monstar：歐妲、海唧、阿爾姿」三人，每位 VTuber 都在出道後以非常快的速度突破一萬訂閱，這是其他企業勢比較難達成的。

在 2022 年，春魚工作室以大破大立的方式，推出「極深空企畫四人」，分別是：厄倫蒂兒、涅默、埃穆亞、熙歌。在一開始推出新人時，他們即隱藏了四人是春魚工作室的 VTuber，讓觀眾不帶既定印象來認識新人，且新人 VTuber 成功打破春魚既定的粉絲族群，取得極高的人氣。

除此之外，由專門的 VTuber 團隊打造出來的企業勢 VTuber：森森鈴蘭、浠 Mizuki、懶貓子 Rumi 等人，藉由他們這幾位高人氣 VTuber 趁勝追擊，發展出各公司的箱推企畫，開拓各自的社群。

從數據上看，2022 年 6 月左右，在總計一千二百名中、經常活動的八百名台灣 VTuber，訂閱數突破三千人就

可以進入所謂的訂閱排行榜前百名了；但到了 2022 年 12 月，最新的數據統計顯示，在總計一千五百名中、經常活動的九百名台灣 VTuber，已經有將近百位訂閱數突破一萬的 VTuber 了！

而 2022 年台灣 VTuber 光是在 Super Chat，也就是觀眾斗內的部分，總金額已經超過新台幣二千萬元！

相較於兩年前，只有不到二十位 VTuber 訂閱數破萬的窘境，台灣目前正處在觀眾群急速擴張的時代，然而，如果沒辦法吸引到華語圈外的觀眾，擴張就明顯是有極限的了。

雖然台灣 VTuber 在本地有著語言優勢，能夠吸引無法觀看日語、英語直播的觀眾，但因為政治因素，較難吸引對岸十四億的人口紅利。台灣動漫族群固然逐年增長，但這些增長的動漫族群會慢慢因生活環境的改變，例如為了準備考試、開始上班、組織家庭等，可以追直播的時間隨之減少。因此，常有人說，目前台灣 VTuber 的市場已經趨近飽和，甚至有內捲化（Involution，指重複做無意義的事，付出大量努力卻得不到等價的回報，在工作上還必須要超越他人的社會文化，在社會學上屬於不健康的概念。）的現象。

雖然如此，VTuber 的潛力，也受到台灣學院的重視。

東南科技大學數位媒體設計系，於 2018 年就開始設立了 VTuber 的課程，成為「動漫＋網紅＋直播」人才培訓的基地。不論是 IP 設計、中之人的技能、VTuber 的建模，以及 VTuber 的活動企畫等，都有相關的課程可以學習。除了學習 VTuber 的 IP 培養外，不論是 2D 建模、3D 動作捕捉技術等技能，也能廣泛應用在遊戲與動畫製作上，是非常實用的課程。

在 2023 年開始，台灣 VTuber，尤其是新人，會面臨更激烈的競爭。每天晚上有時間觀賞 VTuber 的總觀眾數量增長緩慢，新人對上本來就已經穩固客群的高訂閱台灣 VTuber，以及那些擁有資金、經驗、人脈的專業人士開始籌畫更高精緻度的 VTuber 外皮，或是本身就有直播經驗、唱歌專長的人組合出高水準的新人 VTuber 團體，那些沒有資金與人脈的個人勢 VTuber，在發展上自然困難許多。

就像日本乃至全球 VTuber 市場一樣，VTuber 的外皮只不過是其中一項資源，能否吸引人流、穩固並持續擴大自己的受眾，才是每個 VTuber 所要面對的課題。

這邊我想引用台灣 VTuber 灰姐曾經說過的一段話，簡明扼要地指出新人 VTuber 出道後將要面臨的挑戰：

新人 VTuber 出道前，要思考自己頻道的定位，以及自己要如何去行銷。當觀眾觀賞完新人努力準備很久、第一次直播的初配信後，他們將會依新人第一週、第二週的直播行程，決定是否要長期觀看這位新人 VTuber。當每個 VTuber 都是遊戲、雜談、歌回（專門唱歌的直播）的時候，如果你沒辦法在出道前一、二週內拿出你最擅長的部分，觀眾對你的新鮮感就會消失，你就會被洪水潮流給取代。

第六章
VTuber 的經營模式

VTuber 的經營模式、獲利方式、營運成本，從企業與 VTuber 本身的角度會有所差異。本章節將介紹 VTuber 這個行業較常見的經營模式和獲利方式，以及它們在台灣與日本有怎樣的相異之處。

VTuber 中之人的收益方式

因為彩虹社母公司 ANYCOLOR 與 HOLOLIVE 母公司 COVER 相繼上市，我們可以從公開資訊中窺探，這兩家世界最大的 VTuber 公司營利情形。

COVER 公司在 2021 年至 2022 年，總營收達到 136 億日圓、淨利潤是 53 億日圓；ANYCOLOR 在 2021 年至 2022 年，總營收則是 102 億日圓，淨利潤是 31 億日圓。如此高的收益比，來自於 VTuber 多元的收益管道。

VTuber 不論是企業勢或是個人勢，主要收益來源基本

上可畫分為以下四類：

1. 平台的收益

2. 周邊商品的開發

3. 工商合作與產品代言

4. 其他

1. 平台的收益

流量分成、斗內，VTuber 的主要平台目前多數集中在 YouTube、Twitch 兩大平台，雖然中國的 BILIBILI 也有大量的虛擬主播存在，但因為分潤機制並未公開透明，在此不多做討論，但基本概念大致相同。

以 YouTube 為例，VTuber 一般可以在 YouTube 獲取的利潤，約略以三種為主：

■ 流量分紅

■ 超級留言 Super Chat（SC）、超級感謝 Super Thanks

■ 頻道會員每個月的會員訂閱

流量分紅

YouTube 平台不論該頻道是否開啟收益功能，都會在

YouTube 的收益類型。「購物」功能並不是每個 YouTube 頻道都會使用。

影片中插入廣告,以此來維持 YouTube 平台的運作。而當 YouTube 頻道滿足以下兩點之一,且頻道未存在重大違規事項,就能夠加入「YouTube 合作夥伴計畫」:

 · 在過去 12 個月內獲得 1000 名訂閱者,且有效的公開影片觀看時數累計達 4000 個小時。

 · 在過去 90 天內獲得 1000 名訂閱者,且有效的公開 Shorts 觀看次數累計達 1000 萬次。

滿足以上兩點之一,便能申請 YouTube 頻道收益化。

　　要注意的是，並不是所有 VTuber 都能達到 1000 人訂閱，許多以個人興趣做活動的 VTuber，在沒有特別宣傳自己的情況下，可能長達數個月都沒辦法達到 1000 人訂閱、同時累計 4000 個小時的觀看時數。因而一個新人 VTuber 出道的首要目標，往往就是努力達成 YouTube 的收益化。

　　收益化通過後，每次直播或是上傳新的影片，在沒有版權問題的狀況之下（如果使用他人的音樂做背景音樂〔BGM〕可能會產生版權問題），就可以得到觀眾觀賞影片產生的廣告流量分紅，大約每千次點閱可以獲得新台幣三十到四十元不等。

　　不過，由於 YouTube 機制的關係，直播勢 VTuber 通常沒辦法在影片觀看流量分紅上取得足夠的收益。然而，即使是影片勢 VTuber，影片觀看的流量分紅也僅僅是杯水車薪。

超級留言 Super Chat（SC）、超級感謝 Super Thanks

　　當 YouTube 收益化通過後，VTuber 就可以在直播時，從聊天室中獲得所謂的超級留言 Super Chat（SC）。

　　以 YouTube 官方的說法，觀眾可以藉由購買價格落在一

到五百美金的超級感謝，讓直播主能夠更顯著看到購買者的留言。

YouTube 上的超級留言。

YouTube 上的超級感謝。

　　當一個 VTuber 或 YouTuber 直播觀眾數量越來越多時，聊天室留言的刷新速度也會更快，使用超級留言便可以讓主播更清楚地看到自己的留言。

　　也有 VTuber 會將每一則超級留言 Super Chat（SC）在直播中讀出來，並且給出回應，讓觀眾更有互動的感覺。

　　超級感謝 Super Thanks 也是類似的機制，差別在於超級留言 Super Chat（SC）是在直播當下送出，而超級感謝 Super Thanks 則是用在影片的留言，以醒目的方式讓 VTuber

或 YouTuber 看到該則留言，超級感謝的出現讓影片勢
VTuber 有更多元的收益管道。

由於超級留言屬於公開的數據，我們可以從專門收集該
數據的網站：Playboard.co 取得 YouTube 頻道每天的 SC 數
據。

從數據上來看，訂閱人數一萬到三萬的台灣 VTuber，
每個月約略可以收到新台幣一萬至三萬的 SC。如果當月
有特殊節日，例如農曆新年、情人節、聖誕節、VTuber 生
日、VTuber 出道週年紀念日等等，則會收到更多的 SC。

如果頻道訂閱超過三萬的 VTuber，則有機會收取更多
的金額，以 2022 年 12 月份 SC 為例，台灣 VTuber 單月就
有超過十二個人取得十萬至二十萬元不等的金額、有九人取
得五萬至十萬元的 SC。

日本 VTuber（包含英語系 VTuber）收益更高，每個月
SC 排名第一百名的 VTuber，大概都可以收到新台幣二十萬
左右，前十名的日本 VTuber 月收入甚至達到新台幣一百萬
也是很常見的事情。

特別要注意的是，SC 金額並不是一個固定且穩定的收
入來源。

頻道會員每個月的會員訂閱

收益化通過後，VTuber 通常會啟用頻道會員制，該功能開啟後，粉絲只要支付月費，就能取得會員專屬的徽章、表情符號與獎勵。

VTuber 通常會將頻道會員的價格設在新台幣 30 至 3200 元之間，不同級距會對應到不同等級的獎勵。

舉例來說，加入會員就可以觀看會員限定的直播，在直播聊天室留言時，會員 ID 會以綠色顯示，還會有會員專屬的徽章、貼圖，可以在聊天室內使用。

有些頻道甚至會給不同等級的會員設計不同的獎勵，例如花費更多的會員，可以取得限定插畫、彩圖、會員限定音檔等等。

由於會員人數並不是公開的數據，在此無法推算 VTuber 的總會員數量，不過我們可以確定的是，越是能夠提供會員限定福利的 VTuber，會取得越多的會員數，也有少數 VTuber 會在會員頻道放一些可能會被黃標的題材，作為會員的限定福利。

頻道會員費用表

價格（美元）	價格（台幣）
$ 0.99 美元	NT$ 30 元
$ 1.99 美元	NT$ 60 元
$ 2.99 美元	NT$ 90 元
$ 3.99 美元	NT$ 120 元
$ 4.99 美元	NT$ 150 元
$ 5.99 美元	NT$ 180 元
$ 6.99 美元	NT$ 210 元
$ 7.99 美元	NT$ 240 元
$ 8.99 美元	NT$ 270 元
$ 9.99 美元	NT$ 300 元
$ 14.99 美元	NT$ 450 元
$ 19.99 美元	NT$ 600 元
$ 24.99 美元	NT$ 750 元
$ 29.99 美元	NT$ 900 元
$ 34.99 美元	NT$ 1000 元
$ 39.99 美元	NT$ 1200 元
$ 44.99 美元	NT$ 1400 元
$ 49.99 美元	NT$ 1600 元
$ 99.99 美元	NT$ 3200 元
$149.99 美元	NT$ 4800 元
$199.99 美元	NT$ 6400 元
$249.99 美元	NT$ 8000 元
$299.99 美元	NT$ 9600 元
$399.99 美元	NT$13000 元
$499.99 美元	NT$16000 元

*通常每個頻道會設置一到三個不同等級的會員級距，以此來給會員不同等級的獎勵。

此外，YouTube 平台會抽取百分之三十的 SC 與會員費作為手續費，也就是新台幣三十元的超級留言，或是購買一個月三十元的頻道會員，會有十元被 YouTube 平台收走。

　當每個月來自 YouTube 平台的收益超過一定的金額，就會被當地政府收取所得稅，如果該 VTuber 屬於企業勢 VTuber，則必須與公司拆帳，獲得的金額會更少。

　以上三點在 Twitch 平台與 BILIBILI 平台也有類似的功能，但其專有名詞與手續費金額會有所不同。

　Twitch 平台中的斗內就相當於 YouTube 的超級留言 Super Chat（SC）。Twitch 平台上的追蹤是免費的，但訂閱則是類似 YouTube 會員制，每個月要支付最低的美金 4.99 元，會員也有相對應的福利，例如專屬的表情符號等。

　Twitch 平台在斗內上會收取百分之十五作為手續費，BILIBILI 平台則是高達了百分之五十，並且非中國本地的 VTuber，可能面臨無法將收益轉出海外的問題。

　台灣 VTuber 多數會開啟「綠界」的贊助平台，手續費大約在百分之五至八之間。

　　由於平台抽成金額相當高的關係，日本準備上市的 COVER 公司就在上市募資公開書提到，未來將開發自家的 APP 平台，或許未來我們會看到專屬於某些公司的平台出現，但建置、維護自家平台又是一項新的成本開銷，在無法達到足夠高收益的狀況下，一般是不會考慮這條路線。

　　此外，彩虹社也試圖跳脫 YouTube 平台，在自家網站上設置官方粉絲俱樂部：彩虹社 FAN CLUB。在官方公布的數據中顯示，旗下超過一百五十位 VTuber 的彩虹社，擁有高達 43 萬名 FAN CLUB 的付費會員，這也是另一種類似 YouTube 平台會員制的生財之道。

2. 周邊商品的開發

　　前面章節提到，比起真人實況主、真人 YouTuber 而言，觀眾更傾向購買印有動漫人物的周邊，許多 VTuber 在小有名氣之後，都會開始製作周邊來「回饋」粉絲。在動漫市場發展極為完善的日本，我們可以購買許許多多的 VTuber 周邊，例如：布製娃娃、塑膠立牌、海報、掛軸、美少女 PVC 公仔模型、吊飾等等。

　　在周邊商品上，有些是個人或企業 VTuber 所開發的

周邊商品，有些則是專門製作周邊的品牌與個人或企業VTuber 聯名開發的商品。兩者的差別在於，聯名商品可以利用品牌既有的通路銷售、既有的倉庫存放，製作上比較不用擔心數量的問題。

若是自己開發的商品，則必須自行承擔製作成本、倉儲成本、通路成本等基本開銷，雖然商品全數賣出時會取得較高的利潤，反之，賣不好時也比較容易虧錢。合作聯名商品主要是以取得授權金為主，有些甚至銷售量高的時候，還能抽取利潤分紅。

礙於倉儲成本的關係，非大型企業的 VTuber，通常只會在特別的活動，例如日本最大的同人場（Comic Market）*製作會場限定商品，讓粉絲購買。

大型企業的做法就不一樣了，例如 HOLOLIVE 與彩虹社，不論是在日本或海外都有極高的人氣，在台灣的合作咖啡廳，抑或是台北國際動漫節的攤位上，都出現大排長龍

---

* 同人場（同人展）即同人誌展銷會的俗稱。起源於日本，以非公司行號、而是個人或社團為單位所參加的交流展覽會。除了書籍外，素人創作的遊戲、周邊、音樂 CD 等，都會出現在活動中。由於近年越來越商業化的關係，全球各地的同人場都開始有企業進駐擺攤、販售商品。

的現象。在數據統計上，HOLOLIVE 官方網站上的周邊銷售，有三成是來自海外的顧客。雖然 VTuber 有現成的外皮可以使用，但若是全部商品都印製一樣的圖樣，是無法吸引粉絲買了再買的。為此，VTuber 要請繪師繪製新的圖樣用在新的周邊，這是一筆額外的開銷，更不要提包裝、出貨等人力支出。

台灣本身人口數就比日本少，VTuber 觀眾數量也還落在十萬到二十萬上下，考慮到購買周邊商品的人流，台灣 VTuber 在製作周邊時，則是更加小心翼翼，即使是破萬訂閱的 VTuber，可能也只會製作二、三百件周邊商品，以免賣不完的窘境發生。

雖然在台灣最大男性向同人場「開拓動漫祭（Fancy Frontier）」，這兩年也開始有許多台灣 VTuber 進駐。懶貓子 Rumi 與旗下握有浠 Mizuki、汐 Seki 等知名 VTuber 的子午計畫，也在開拓動漫祭成功吸引大量粉絲前去購買周邊商品。但他們終究還是屬於前段班的少數案例。

3. 工商合作與產品代言

這是我們在觀賞 YouTube 影片中最常看到的「贊助」、

「業配」環節。但因為 VTuber 屬於虛擬性質的表演形式，YouTube 影片常看到的商品使用心得、餐廳介紹等，在 VTuber 節目中比較難以呈現，尤其是現今直播勢當道的 VTuber 環境更是如此。

那 VTuber 主要代言哪些類型的產品呢？以日本為例，現在日本 VTuber 的工商合作與產品代言，主要以遊戲、聯名為主。例如，當有新的遊戲發售時，廠商會請 VTuber 專門開一次直播，介紹這款遊戲，台灣知名的 Twitch 直播主也常常接到這類型的工商合作。直播結束後，可能會將直播影片剪成八到十分鐘的精華片段，以影片的方式再做一次廣告宣傳。

以收入來看，假如一個 VTuber 每個月可以固定接到相關型態的工商合作，會比從觀眾那裡取得 SC 來得更加穩定。不過台灣市場直到 2022 年、2023 年才開始有比較多類似的工商合作，不管是遊戲或 3C 商品的代言都如此。例如 Cooler Master（來自台灣的電腦周邊公司）曾在 2022 年 8 月與台灣 VTuber「杏仁ミル」推出聯名電腦機殼；微軟公司曾經與瀕臨絕種團的 VTuber「15 號」展開 XBOX GAME PASS 的遊戲直播節目。

此外，工商合作的機會，大部分廠商會傾向於跟可以開統一編號的企業或公司（企業勢 VTuber）合作，這項優勢是個人勢 VTuber 較難追上的。

4. 其他

除了上述幾個比較固定的收益來源外，VTuber 還有其他較常見的收益方式。例如，在實體電玩展活動中，VTuber 以現場直播的方式與粉絲互動，又或是與現場參與的來賓一起玩遊戲，抑或與其他遊戲主播共同以嘉賓身分參與新作發表會等等，參與這類型的活動都能拿到一定金額的出席費。

對於訂閱數高的 VTuber 而言，出席這類活動的費用會比較高，有些廠商就會邀請訂閱數相對沒有那麼多的 VTuber，甚至訂閱數不到一萬人的 VTuber，使得非前段班的 VTuber 也有機會出席這類活動。有些 VTuber 為了增加曝光度，會接受較低額的出席費，讓自己有機會列入更多廠商的邀請名單中。

以 2022 年 8 月的夏戀高捷動漫季來說，當時就邀來了超過七十名以上的 VTuber 參與，其中台灣 VTuber 在比例上更是超過了三分之二。這類型的活動 VTuber 中之人不一

定要到現場，即使是各地的活動，也不用像通告藝人那樣支出交通費、住宿費等成本。

除此之外，將 VTuber IP 授權給遊戲公司，製作成遊戲角色，同時進行配音，也是相當常見的 VTuber 營利項目之一。

台灣知名手機遊戲《天下布魔》，就曾經邀請「杏仁ミル」、「兔姬」作為該遊戲角色，藉由轉蛋、抽卡的方式，才能取得的稀有角色。

此外，MMO RPG《幻塔》在台灣代理版剛推出時，就與 VTuber「懶貓子」合作，而《純白和弦》則以相同的操作，邀請 VTuber「浠 Mizuki」合作，透過大量的廣告與 VTuber 本身的人氣，在遊戲發行初期宣傳。這類型的合作活動，正是 VTuber 的長處，畢竟真人實況主與 YouTuber 較不適合以遊戲角色的方式吸引玩家。

台灣 VTuber 在收益的來源上，還有一個是比較少見的「募資」形式。一些成本比較高的企畫，例如 3D 演唱會這類需要新台幣三十萬至五十萬元的企畫，就需要使用募資的方式來進行，但募資也不一定能取得收益，甚至很多情況會導致資金倒貼，這邊我們就簡單帶過了。

　　而日本方面，因為日本音樂市場發達，許多 VTuber 都有機會被商業音樂公司邀請出道，我們稱之為「主流出道」*，例如彩虹社的 VTuber 在 Oricon 公信榜的統計數據上顯示，有好幾張 CD 專輯銷量高達三萬張。

　　礙於台灣 CD 市場嚴重衰退，加上製作原創曲的成本非常高，因此台灣 VTuber 發行 CD 專輯的數量則是近乎於零，頂多只有在同人場販售自己製作的 CD 專輯。

　　在日本，VTuber 還有實體與線上演唱會的門票收益，以及授權給遊樂園、咖啡廳、動物園等等的合作活動，活動現場可能有真人尺寸的立牌看板讓粉絲合照，或該活動限定的合作周邊商品、VTuber 的現場直播等等，可說是相當的多元。在台灣目前的狀況，僅有少數幾家咖啡廳長期主打動漫類型主題，比較有機會跟 VTuber 推出合作活動。

＊主流出道指獲得世界三大唱片公司「環球音樂」、「索尼音樂」、「華納音樂」邀請簽約、出版 CD 的出道方式。在日本則包含成為日本唱片協會的正、準會員，總計約有四十家的主流唱片公司。

台灣動漫主題咖啡廳。

VTuber 的營運成本

　　前文提及，VTuber 出道之前，大約需要新台幣五萬
至二十萬元的製作成本，而常常讓人忽略的是，持續經營
VTuber 後，也有許多隱藏成本。

　　如果是個人勢 VTuber，短期來看，我們只需要支付電
費、網路費這些固定的支出。但若以長期來看，當熱門的

151

遊戲 IP，例如寶可夢推出 Switch 新遊戲，且其他直播主、VTuber 都在玩該款 IP，甚至類似於對戰的直播連動邀請時，VTuber 就勢必要購置該遊戲主機與遊戲片。

除此之外，為了取得更多元的效果，VTuber 在經營到一定程度後，通常要更新 VTuber 外皮，可能是換一件衣服、改一種髮型。幾乎每一位活動超過半年的 VTuber，都會開始著手更新製作，此外，你還需要製作新的片頭動畫、轉場影片、VTuber 直播的背景與道具等等。

如果想要製作周邊商品，回饋粉絲並賺取額外收益的話，還必須跟繪師邀稿，一張品質足以製作周邊的商業繪圖，費用通常落在新台幣六千至六萬元不等。如果是要製作大量的周邊到同人場販售，除了基本的包攤費、製作周邊費用外，還要考量同人場販售商品的人力成本（中之人通常無法自己出來販賣），粉絲人數越多、人氣越高，隨之而來的就是越多的資金運用考量。

當前段班的 VTuber 都這麼做的時候，為了跟上潮流不被淘汰，許多 VTuber 也得從每個月的淨利潤中，提出一部分的金額進行下一階段的規畫。

若從企業的角度來看，VTuber 的營運成本更高。如果

企業要製作 VTuber，除了剛開始的啟動成本外，每個月要支付中之人一定程度的薪水，如果還要培養經紀人、精華剪片師、專案經理人等等，以一個人一個月最低薪資新台幣三萬元計，不用半年就會燒掉將近新台幣一百萬元。

在 VTuber 文化發達的日本，VTuber 企業的組織比較完善，在台灣，除了前面幾間規模較大的 VTuber 企業外，許多 VTuber 企業會選擇和中之人以「分紅」的方式進行簽約。舉例來說，企業會以每個月 VTuber 的活動總收益來分潤，企業與中之人五五均分、六四、三七拆分都有可能，可能有的會附帶底薪，有的則沒有。

依照 Playboard 的數據來看，台灣大約一千名的 VTuber 中，僅有百名訂閱數突破一萬訂閱人次，然而，突破一萬訂閱數的 VTuber，純粹從 SC 的收益來看，每個月也不一定能達到新台幣三萬元，且這些金額還有百分之三十的部分會被平台抽走。也就是說，單從 SC 的收益來看，在台灣投入 VTuber 的人，有超過百分之九十是無法將之作為正職的事業，如果還要跟企業分潤的話，那這個比例將會更加懸殊。

實際上，VTuber 中之人與企業之間的關係，比照現今的演藝圈，更貼近藝人與經紀公司的關係，也就是有工作才

有收入。

　　反過來說，中之人在考慮是否加入企業之前，也必須考量自己的經濟能力。如果有學貸、車貸，甚至是房貸要支付的話，小型 VTuber 企業是沒辦法滿足個人需求的。

　　這兩年台灣 VTuber 的觀眾流量大幅上漲，出現許多一閃而逝的 VTuber，出道僅僅一年就宣布畢業，這些 VTuber 並不是沒有觀眾、沒有舞台而畢業的，更多的是因為簽署了不合理的工作契約，在直播一段時間後才發現問題，合約結束後便不再續約了。台灣 VTuber 界就曾經出現過數起 VTuber 企業與中之人認知不同而起的爭議，企業方認為自己準備了足夠的誠意來支撐 VTuber 的活動，但中之人感受不到，或是在薪水無法支撐的情形下，最後選擇分家。對於整體的台灣 VTuber 而言，不論是企業、中之人還是觀眾，這些讓人遺憾的事件不斷發生。

　　如果是加入或新組社團勢 VTuber，則要先談妥分潤的比例。很多社團勢 VTuber 在初期，都是所有參與人員（中之人、經紀人、精華剪輯師、繪師、建模師等）以一股熱忱無償地努力推廣自家的 VTuber，然而在開始獲利後，由於

每個人對分潤認知的不同,導致團隊的解散,VTuber 企畫只能草草收攤,這種例子也是常見的。

結語

現今台灣 VTuber 有超過九成以上都是兼職,或還在就學階段,能將 VTuber 當作正職的人屈指可數。即使在自家進行實況直播,日夜顛倒、深夜還要歌唱、聊天等發出音量的工作模式,也不是每個家庭都能接受的。如果因此要在外租房子一個人住,那每個月的基本開銷又更高了。種種因素累積之下,台灣 VTuber 的環境長期給人一種不穩定、尚未成熟,甚至看不到未來的觀感。

就目前的現況來看,無論你是就學時利用空閒時段試試直播,或在工作閒暇之餘,不想露臉影響個人生活而使用虛擬外皮直播,都要做好心理建設,度過剛開始時沒有觀眾的階段。

在撰寫本書時,我與幾位台灣前段班的 VTuber 或VTuber 製作人訪談過,多數人都認為台灣 VTuber 尚在起步階段,仰賴來自日本的 VTuber 文化,以及台灣動漫圈長年積攢下來的人口,台灣 VTuber 還有非常廣大的市場可以發展。

　　雖然 VTuber、虛擬偶像、虛擬主播、元宇宙等新創名詞，相當吸引人投入資金發展這片藍海市場，但這就像職業運動一樣，縱然 NBA、MLB 可以創造極高的收益，但如果沒有一個友好的市場、完善的環境、足夠的觀眾，或是對於該文化沒有一定程度的了解，即使擁有大筆資金，卻像瞎子摸象般貿然投入，極容易產生賠本、草率退場的結果。

　　無論是企業或個人，當你準備要投入 VTuber 市場前，建議必須做好市場觀察，深度了解 VTuber 的生態，且你想要培養出什麼樣的 VTuber？然後，懷抱一顆熾熱的心，開創屬於你自己的 VTuber 生涯！

台灣 VTuber 和製作人訪談

春魚工作室

懶貓

璐洛洛

兔姬

塔芭絲可

虧喜

杏仁ミル

春魚工作室

春魚工作室（SpringFish）以台灣知名圖文 IP「終端少女」、「瀕臨絕種團」起家，於 2021 年開始陸續推出 VTuber 團體：終端少女平平子、瀕臨絕種團 RESCUTE、惡獸時代 Monstar、極深空計畫等，總 VTuber 人數超過十位，總訂閱數超過五十萬，是目前台灣 VTuber 市場中最具規模的其中一家 VTuber 公司。

本次訪談對象為公司負責人之一李春魚先生。

春魚工作室提供

修修咻：春魚先生您好，第一個想跟您請教的問題是，春魚工作室本身是一項多媒體企畫案。當時為什麼會選擇 VTuber 這個新興行業作為出發點？是有受什麼人物或者事件影響嗎？

春魚：不知道您了不了解春魚工作室最初的狀況？那時候我們是先以圖文 IP 起家。一開始是輕小說，後來以圖像插畫及漫畫來做我們的 IP 規畫。

修修咻：對，我知道，在尖端出版社有出版輕小說《瀕臨絕種團 RESCUTE》，還有跟林務局合作的四格漫畫。

春魚：那個時候，我們除了在一般的商業出版之外，還有在同人展販售畫冊之類的。

隨著疫情的影響，我們發現在整個出版界，以及現場銷售周邊商品這件事，都受到極大的影響。在那種情況下，我們工作室的一名成員「春魚量產型」，他本來就是 VTuber 愛好者，所以在當時他就提供不少關於推出 VTuber 的建議。

另一方面，在疫情的影響下，如果要維持 IP 熱度的話，就要朝向線上經營的模式邁進。那個時候我

們就在圖文 IP 中取出主要的角色，打造成 VTuber 來經營。

修修咻： 初期踏入 VTuber 這個產業時，你們有遇到什麼阻礙嗎？

春魚： 初期的時候，最大的阻礙即是在 2021 年時，台灣 VTuber 還是很新興的行業，較難找到模仿的標的和對象，我們只能去學習日本或歐美的 VTuber 文化。另一方面，我們已經既有圖文的 IP，對於角色的性格，像口頭禪、外型，都有確定的形象了，要挑選符合這些個性的中之人並不容易，我們都戲稱這些中之人是天選之人。為了找到符合這些角色 IP 的外型、性格、形象的天選之人，在尋找中之人的道路上，其實遇到了不少的阻礙。

修修咻： 因為你們的 IP 已經是設計好的，所以找中之人真的會比較麻煩，不像其他公司，他們甚至可以依照中之人的特色，來修改 IP 角色的特質。

春魚： 對！通常那些公司的經營方式是，他們可能有個 IP 的背景，可是還沒有發展故事、也沒有發展人設，在這種情況下，他們找到了中之人後，再依中之人

的特質讓 IP 角色做一系列的延伸發展。我們的流程比較不一樣，我們是已經經營圖文 IP 二到三年後，才開始經營虛擬偶像 VTuber，這時候就會被之前的圖文 IP⋯⋯不能說是捆綁，只能說有影響。

修修咻：所以先發展 IP 可以累積一定的人氣，但當轉換跑道時，反而會成為難關嗎？有突破當然會更好，但在突破之前就會有所謂的難關要過？

春魚：的確。

修修咻：那初期投入的成本有辦法估算嗎？

春魚：如果從圖文 IP 就開始計算成本，和一般 VTuber 的成本相比的話，我們的成本會過高。

修修咻：我了解，因為圖文 IP 已經發展了二、三年，再轉成 VTuber，可是那二、三年的成本一般 VTuber 是不會遇到的。

春魚：對。單純舉插畫為例，那時我們還沒開始建模，光插畫就已經累積了上百張，以台灣插畫家的稿費來換算的話，已經是極高的成本了。我覺得應該說我們的初期成本結構，和其他的 VTuber 是不太一樣的。

修修咻：上百張的成本應該差不多可以做二、三個 VTuber
建模了。

　春魚：可能不止，還可以包含後期的行銷費用。可見我們
光插畫就已經負擔這麼高的成本了。

修修咻：我了解了。請問目前春魚工作室主要的收益來源是
怎樣的模式呢？

　春魚：收益來源我們主要把它分成四個方向。一個是直播
收入，直播收入包含直播 SC、會員訂閱，以及頻
道流量收入。

　　　　還有媒體商務收益。媒體商務收益就比如工商啊、
代言啊，或是媒體商務推廣之類的業務。

　　　　再來就是商品的開發。包含周邊商品，或我們自己
開發的遊戲、漫畫等等的產品。

　　　　最後就是其他來源，例如改作授權，或是一些大型
演出的出席費，還有一些集資之類的案子。

修修咻：春魚工作室目前有非常多位 VTuber，請問你們是
如何定制這些角色的形象和設定呢？

　春魚：我們的一期生都是從既有的 IP 角色中延伸開發
的，所以情況比較不一樣。

我們的二、三期生，就跟現在一般的 VTuber 經營形式類似。我們會先擇定一個企畫背景，例如像惡獸就是神話時代的怪獸，或例如第三期的星空，我們從天文中選取星體，作為企畫的背景。

在擇定企畫背景的同時，我們會招募合適的中之人，針對他的性格、愛好、表演方式等等的，來設定角色的背景。前期是企畫背景，後期是角色背景，我們會針對這個角色或這個中之人，量身打造專屬於他的角色。

修修咻：另外想請問，前陣子極深空有跟天文館合作。這是對方來找你們的？還是你們主動去找天文館呢？

春魚：是我們主動去找的。

修修咻：滿合適的！

春魚：我們經營不論是瀕臨絕種團或極深空計畫時，任何跟政府機關或外部協會的合作案，可以說百分之九十以上都是我們主動提出企畫。

修修咻：春魚工作室目前旗下包含了絕種團、惡獸時代，還有極深空計畫，VTuber 總人數已經超過十位，可以說是台灣目前數一數二的箱推企畫。從原本工作

室團隊人數不到十人發展至今，公司最初的方針到現在有什麼變化嗎？

春魚： 春魚工作室最初是我跟啞鳴成立的，那個時候我們各自都有其他的工作。

我之前是做影視相關的行業，啞鳴是小說或影視劇本等等的創作。我們都很喜歡 ACG（動畫〔Anime〕、漫畫〔Comics〕和電子遊戲〔Games〕）作品，所以成立工作室就是想自己做一些動漫類型的開發，這對我們來說是很愉快的養分。

從興趣出發，接下來我們即要認真製作我們自己的作品。我們推出了新的企畫，也做跨域的合作，然後走上集資，製作了電腦遊戲和手機遊戲，才走到了 VTuber 這一部分。我們主要的改變在於，我們本來是一支超級迷你且都是兼職的團隊，逐漸轉為正職，也從本來是以故事為核心導向的創作形式，逐漸轉換以人為核心的創作模式。

修修咻： 以 VTuber 為核心嗎？

春魚： 之前我們傾向以中之人為核心去做內容的開發，直到近期，才漸漸回歸到初衷。當我們的 VTuber 推

出後，我們會思考創作怎樣的故事，帶給觀眾更多的感動，也就是回歸到以故事為核心。

修修咻：所以近期會推出比較多——不論是惡獸還是絕種團或極深空——的故事作品或企畫嗎？

春魚：我們可能也會透過他們推廣新的遊戲。

修修咻：春魚工作室目前有很多的中之人，或說藝人，工作室是如何決定各個 VTuber 的企畫合作以及行程的呢？

春魚：我們跟藝人的合作，對於他們的行程管控相對沒有那麼嚴格，頂多就是一個月必須做到多少次的直播。例如藝人這整週都有事，想要休假一整週，也是沒有關係的。所以行程上我們比較沒有設限，比較會注意的就是針對角色背景和個人喜好，還有他們擅長的節目形式。

舉例來說，有人比較擅長開箱、有人擅長英文，或是有人比較擅長模型或烹飪等等，我們就會在這些方向上，提供故事背景、角色背景等的方式合作。

其實，我們和 VTuber 合作前都會跟他們進行訪談，了解他們有沒有什麼想要合作的內容或方式，

例如他們想要承攬工商的話，有沒有什麼喜歡的品項、類型、方向，又或者想要做公益合作的話，有沒有喜歡的公益合作對象。

修修咻： 這個訪談就是開會嗎？那多久開一次呢？

春魚： 如果是個人的話，都還挺密集在溝通的；如果是全員的話，大概兩週到一個月開一次會。

修修咻： 極深空計畫的第一個 VTuber 出道時，並沒有像惡獸時代那樣，而選擇不事先公布他是春魚工作室底下的企畫。這有什麼特別的原因嗎？

春魚： 其實在事前我們有做一項評估，假設我們單純只是以箱推的形式來推廣的話，那很可能會消耗前面 VTuber 累積下來的粉絲，也就是說，我們比較難以突破既有的粉絲圈，把新人推廣出去。

所以我們的想法是，如果計畫要推出新的 VTuber 的話，我們會尋找技能或表演形式跟現有角色較不重疊的。另一方面，我們也更新行銷方式，雖然也會為新人投放廣告，但投放時就完全排除掉現有的粉絲名單。我們這麼做是希望拓展新的粉絲群眾，吸引他們加入春魚箱。

修修咻：我相信這麼做是成功的。

春魚：我們其實也滿擔心的。在做那次企畫之前，我們也是戰戰兢兢的。如果希望未來每一期新加入的 VTuber 都能吸引到一群全新的粉絲，且要讓春魚箱體制變得更健康的話，那次的推廣就必須要做一定程度的「隱藏跟犧牲」。

修修咻：確實，風險越大回報也越大。

春魚工作室以及旗下的 VTuber 未來的發展方向會是往哪邊呢？

春魚：未來的發展，我們會強化春魚工作室作為藝人經紀公司的體質，畢竟我們一開始就是以故事開發為主的公司。像今年度我們就一直提升業務能力，尋找新的業務人員，且提升我們周邊產品的品質，後來還加入了跨域行銷的能力。

所以，我們今年度和明年度主要會在架構層面上增進整個工作室人員的多樣性，以及提升藝人經紀能力。

另外一方面，我們也會更積極朝向影音和 3D 演出的團隊來拓展，這是我們未來可能發展的方向。

修修咻：我有看到你們十五號和平平子即將 3D 化的消息，非常期待他們兩位的 3D 演出！

春魚：感謝！

修修咻：就 3D 化來說，您怎麼看懶貓子的 3D 企畫呢？

春魚：他做得非常細緻耶，初配信讓我們非常地震驚，他的渲染等等的，都做得非常好。

修修咻：最後，對於未來想踏入 VTuber 行業的新人，您會給予什麼樣的建議呢？

春魚：在台灣當 VTuber，其實還沒有出現權威和專家，因為這是一個非常新興的行業，大家還在摸著石頭過河。

另外，台灣終究是一個相對小眾、市場腹地不大的地方，而且以語言來看，在動漫的世界中，中文並不算是強勢語言，在這樣的情況下，要給出建議相對是比較難的。

只能説，在台灣應該會有適合台灣這塊市場的玩法。至於如何拓展新的商業模式、維繫團隊的生存，不論是我們或其他團隊，都會是我們持續思考的方向。

我舉之前在影視業的例子好了。那時候台灣的影視業並不是完全往內需市場發展，而是想走到海外。如何走向國際，讓我們的文化、讓我們的內容，成為其他國家也認可、也喜歡的內容，這是台灣這個島國一直努力在做的。

如果要提供建議或經驗，就當我吐吐苦水吧！我們發現一些新興的團隊，他們最大的問題並不是創意、也不是內容，這些他們都做得非常好和細緻。他們最大的問題在於，例如剛開始成立時沒有完整的各種合約，應先談好每週或每月直播的最少次數或時間、如何和夥伴拆分獲利，以避免事後產生糾紛 。另一方面，這些團隊要如何顧及對內、對外的信用？這些會是幫助他們走得更長久的重要因素。

修修咻： 是不是指很多團隊一開始時，都是抱著好玩的心態，或是還沒談到錢之前，都是很好的夥伴，一談到錢就開始出現問題？

春魚： 是！常看到說法就是：「這次我們的製作是不支薪的，大家是靠熱情在做事。」或是說：「等到賺了

錢後，我們再討論怎麼分。」

我以春魚工作室為例好了。在最早的兩、三年，我跟啞鳴是沒有支薪的，我們真的是靠興趣在做，我們的主要收入是靠其他的正職。我們確保自己的正職能夠為自己帶來良好的生活品質，才安心投入春魚工作室的。

如果只是憑著滿腔熱血或是興趣，有時候是很難維繫長久的。

修修咻： 了解，就像前陣子一個小有名氣的 VTuber，因跟他的經紀人吵架後，工作室就解散了，VTuber 也直接畢業了。

春魚： 所以我們都會建議，如何確保大家的利益，或是合約的完備，這些信用的累積是很重要的。

修修咻： 是的，今天很感謝春魚老師接受我們的訪談。

春魚： 不會，也謝謝您。

懶貓

Twitch 知名實況主，同時是魔競娛樂旗下藝人，也是該公司 VTuber 企畫負責人。

　　2018 年推出自己的實況看板娘 IP 懶貓子 Rumi（以下稱懶貓子），2020 年招募中之人，並於 2021 年正式推出 VTuber「懶貓子 Rumi」。在 2023 年也陸續推出魔競箱一期生等人。

魔競娛樂提供

修修咻：懶貓您好，懶貓子原本是一個平面 IP，陸續有發展出漫畫及小說的衍生作品。之後為什麼會投入 VTuber 這個新興行業呢？是受到什麼事件或人物的影響嗎？

懶貓：懶貓子那個 IP 剛開始設計的時候，本來是作為我的實況看板娘，滿多的實況主也都有自己的看板娘。我自己喜歡這樣的角色，而且我的觀眾也喜歡二次元，所以就做了這樣的設計。後來就發展成周邊產品、周邊的回饋、乾爹的回饋、訂閱者的回饋這些東西。

在懶貓子出道前兩年，我們就已經在徵選中之人，那時候就有打算要做 VTuber。我們一直很想讓懶貓子這個平面 IP 活起來，可是徵選完、看了市場環境後，我覺得當時的市場相對是比較小的，計畫就取消了。

加上我當時覺得自己並沒有鋪陳一條比較好走的路，無法順利地往下經營，也不想浪費中之人二、三年的時間。到了現在，我們認為市場環境相對比較有機會，才重新開始徵選中之人，讓懶貓子出

道。

要說受到什麼事件或人物影響的話，我覺得最主要還是絆愛吧，在 VTuber 圈子中，絆愛對我的影響最大。

修修咻：絆愛真的影響很多人及很多事。

懶貓：對。但是，也是絆愛讓我們覺得那時候的 VTuber 市場是相對難以成功的。

修修咻：確實，絆愛當時的環境，我覺得有很多她先天的條件，加上後天的努力，才有辦法做到如此成功。台灣的環境跟日本畢竟還是有很大的落差。

初期的時候，或說確定讓懶貓子作為 VTuber 出道時，有遇到什麼阻礙嗎？

懶貓：其實還滿多的。我們當初在甄選 VTuber 中之人時，我們選擇的是一位日文比較強的，但她中文比較弱，所以我們在溝通上有很多問題，主要還是語言上的問題。我覺得最嚴重的應該是所謂的國情不同吧。

修修咻：風俗民情嗎？

懶貓：對對對！我覺得是風俗民情的問題。

很多事情我們以為溝通完成了，然而她的理解又和我們的不同。此外，懶貓子在直播上是很活潑的，而她和我們溝通事情時，卻非常有禮貌。就台灣人來說，我們說話都會比較直接，但在她們看起來會覺得我們很兇。我們花了很多的時間在磨合。

我記得一個有趣的例子。台灣人在沒聽懂時，會說：「蛤？」但是日語中的「蛤？」，是黑道或兇人的時候在用的，所以我這樣說的時候，她就會嚇到，以為我在兇人之類的⋯⋯

修修咻：有時候我們也會看到一些對話的翻譯，台灣人的認知和日本人就是不一樣。找了比較熟悉日本文化的中之人，好處就是對日本比較了解，壞處就是溝通上會出現很多的落差。

懶貓：對！我們溝通上都會出現很大的落差，若是遇上硬體設備故障時，我沒辦法衝過去日本幫忙。那時候因為疫情的關係，很多硬體上的問題，後來都是花錢解決⋯⋯會很心疼。

修修咻：想請問，你們初期，包含從甄選中之人到懶貓子出道後，投入的成本大概是多少呢？有辦法估算嗎？

懶貓：懶貓子的初期投入成本有點難以估算，因為懶貓子從 IP 開始，到她成為 VTuber，這中間所有的過程都是她的能量，這也是為什麼一開始她的訂閱數就可以衝得非常高。

　　　我們每個月都有免費的桌布供大家使用，這也是我剛開始說的回饋觀眾。原創曲剛出來的時候，很多圖素都在裡面，那些圖素是我們找專業繪師繪製的，而且我自認我們的報價，都是讓繪師滿意的數字。

　　　如果把這些成本都抓進去，製作成本就太高了，加上時間太久遠了，有些小東西是以前都沒有提到的，例如懶貓子出道前，我們其實就已經做過第一版的 Live 2D。

修修咻：有，有！我在直播間有看過。

懶貓：我們甚至還有一個 3D 模組是沒有公開過的，Live 2D 跟 3D 模組全都是花我自己的錢，以現在的標準來看都不太及格。我們花了滿多冤枉錢，如果大家現在要做的話，可以參考像是子午計畫或是春魚工作室的方式。

修修咻：我也有訪談到春魚，他們也是 IP 起家，也是沒辦法估算初期成本。

懶貓：這數字會很龐大，我這邊還有五、六十張圖是沒有公布的。

修修咻：其實這個問題，原本是想讓讀者或廠商可以大概了解一下 VTuber 初期的成本。

懶貓：一般讀者或廠商，如果想要踏進這個行業的話，一開始的金額我是可以估出來的。

現在（2023 年）這個環境的 VTuber 比之前難以入門的原因，是觀眾的習慣已經被養成。

起初，大家都還在摸索，只要有一個 Live 2D 會動的形象就好；然而，現在他可能還需要一個 OP（開場影片）、ED（結束影片）、轉場，還有版面建置等等。現在只有 Live 2D 是比較難做起來的，如果你要找到一個好的、有空的、並且有經驗的繪師，真的不容易，找到的話相對價格會比較高昂，加上建模師也難找。

出道時要讓觀眾覺得 OK，僅是 OK 而已喔，以我的經驗來估算，起碼大概也要新台幣二十萬，這裡包

含建模費、繪製費，以及所有的版面設計，可能還
會需要一張插圖，還包括 OP、ED 這些東西，但不
包含廣告費，光這樣大概就是二十萬。

修修咻： 不包含硬體？

懶貓： 可能還可以勉強買一台手機，iPhone 11 之類的，
如果要再買一台電腦就有點困難了。

修修咻： 了解了，那我們就列入參考。

懶貓： 如果是要做到企業勢的等級，花費就會更高。因為
企業勢需要考量的東西更多，企業會要求 VTuber
器材要更好的。

修修咻： 目前懶貓子這個團隊的主要收益來源是哪邊呢？

懶貓： 我們算是魔競娛樂下的分支，如果把我們當作一家
VTuber 公司的話，VTuber 團隊的主要收益來源還
是懶貓子的 Super Chat、商品，以及商案。懶貓子
的工商案件算是接得比較多的，我自己的收入也差
不多是這樣子。實況主或 VTuber 的收益來源大概
都是這些。

修修咻： 了解。

懶貓： 台灣比較難以拓展，即使我們做了原創曲，但要在

　　　　　這上面賺到錢是比較困難的。

修修咻：真的很難。台灣的 CD 市場無論是不是在同人場，
都不是很好。

　懶貓：如果要在精華影片上獲得一些點閱率，靠這些點閱
率來賺錢的話，你自己也有在做 YouTube 頻道，我
相信你也知道靠 YouTube 點閱率賺的錢一直被砍。

修修咻：就算沒被砍也沒多少錢……

　懶貓：所以主要的收益來源還是那些。但我們的商品收益
是相對比較低的。

修修咻：商品收益比較低嗎？

　懶貓：我們的營收是高的，因為我們賣過很多的周邊而且
很有經驗，但收益是比較低的。我覺得這是一條難
以回頭的路。當初做出第一波商品、第二波商品
時，我們的定價就相對比較低，而且懶貓子商品的
品質，我們有很高的要求，成本也因此高出了許
多。但我們最終的目標是為了回饋支持的觀眾。

修修咻：這跟我想像的不一樣，你們在 FF 的攤位和其他快
閃店人潮都很多。

　懶貓：我們在 FF 的裝飾上面花比較多的錢。

你在我們的咖啡廳快閃店等等的，就可以看出來我們花的錢比較多。我們希望前來的人有一個美好的體驗。

修修咻：我懂意思。

　　　請問早期還在 IP 的時候，你是怎麼設計出懶貓子這個形象和設定的？可以分享一下嗎？

懶　貓：設計懶貓子的親媽叫作「Yupi」，也是我們公司的美術，我們一起構思的。當初是先給懶貓子設定個性，我們選擇「妹妹」這樣的個性，然後再慢慢把其他特質加進來。

　　　最後，我們決定了「貓掌是她的靈魂」，一定要有貓掌才認得出來是懶貓子 Rumi，要不然，有些繪師和觀眾看到她，會以為是初音、貓耳初音之類的。

修修咻：懶貓子是台灣比較罕見、由台灣公司找尋外國中之人來當 VTuber 的案例，尤其是中之人和公司在不同的國家。除了前面提到溝通上的磨合外，法律層面上有遇到什麼困難嗎？

懶　貓：最大的困難是「稅」，從台灣國稅局的角度來說，

他們認為懶貓子是收台灣人的錢，這你能理解嗎？

修修咻：可以理解。

懶貓：國稅局認為，不管你今天在哪裡工作，就算是在網路上，你所有的客戶、觀眾都是台灣人，所以國稅局要收稅金。

但是，日本的國稅局認為她是日本公民，所以要再收一筆稅，就是境外收入的稅金。因此，對懶貓子來說，所有的收入都被收了兩次稅金。

修修咻：這個我有印象，例如 COVER 或彩虹社，他們找外國的 VTuber 中之人好像也會遇到類似的問題。

懶貓：在法律上要解決這件事的方式，就是我們要去找退稅的會計幫她處理，中間的費用就由我們這邊吸收。

修修咻：所以以台灣公司的角度來說，找境外中之人的負擔會比境內的更高。

懶貓：因為我們魔競本來就有在做這類的合作，所以已經習慣了。

我們所有的實況主，不論是我、大丸，還是其他的實況主，我們都有遇過這樣的問題。圖奇是境外公

司，我們在圖奇開實況，斗內或訂閱的收入就要先被扣境外收入稅金，美國會先收百分之三十，到了我們這邊再繳台灣的稅，之後再去退稅。但對於其他個人勢 VTuber 來說，要自己去處理這些事務就很麻煩。

修修咻： 所以有經紀公司還是有優勢的。

懶貓： 如果從 VTuber 的內容來說，我一直認為子午、春魚，或其他公司，甚至是個人勢，他們都有比我們厲害的點。但如果從業務或經營上來說，因為我們公司走過很多錯路，跌跌撞撞，所以了解該怎樣走。

修修咻： 錯誤會成為經驗的傳承。

在你們的 VTuber 出道之前，包含懶貓子和魔競的其他一期生，這些中之人要接受怎樣的課程訓練嗎？具體來說，從招募到正式出道，大概會經過多久的時間練習？

懶貓： 在我的認知裡是「很久」。

錄取中之人時，我們還沒有賦予這個 VTuber 的 Live 2D 的設定和形象。很多公司可能會先有一個

大概的形象，或像有些日本公司會先畫好圖像。我們是中之人進來之後，一起討論並建構他所有的性格，再把 Live 2D 的皮做出來。之後我們會以自己的經驗教學，不管是 OBS 上面的操作，還是網路社群上的想法和注意事項。

其他要額外去上的訓練，會依藝人的需求，有些人會想上歌唱課或正音班。直接安排中之人去上課並不是很好的選項，因為我自己在魔競的時候，大家也被安排去上正音班，剛開始時大家都會去，然而第二個禮拜後，就有人蹺課了，最後越來越少人。

其實，不論是 VTuber、實況主，或網紅，都是因為他們各有「個性」，才能造就他們的成功、成就他們的獨特。

也正因為有個性，如果讓他們上一些固定教程的課，其實並不是好事，最好是在他們有興趣的時候，再推一把就好。

修修咻： 請問您方便透露一下，就是從招募到正式出道，大概平均會經過多久的時間呢？

懶貓： 我們這邊花比較久的時間，大概要半年左右，以一

期生來說，花了七、八個月左右。

修修咻：了解了。

前陣子，懶貓子還到了日本使用他們的場地和設備，舉辦了堪稱目前台灣 VTuber 界最高標的 3D Live 演唱會，這場 Live 籌備許久，成果也相當不錯，我也有全程追完，結束後的直播問與答我也有看。目前許多前段班的台灣 VTuber 也開始進行 3D 化了，想請問關於 3D Live 印象最深刻的難關是什麼？以及如何解決這個問題呢？

懶貓：我覺得那場演唱會還不到台灣 VTuber 界最高標……只能說是最貴。因為我們是靠募資把這件事情完成，中間遇到很多難關，第一個是「預算」，魔競在這件事上一直跌跌撞撞。

首先，3D 是我們完全不懂的範疇。當初跟建模師溝通，有些東西他覺得是常識，但我們不懂，來來回回溝通把彼此的耐性都消磨掉了。定稿後，我們還是希望調整一些東西，因此有加價的部分，最後我們的費用也都花得一乾二淨，我自己也掏了很多。

另外一個難關是「疫情」。當時真的很嚴重，我們去的時候還是不能自由行的，日本那時才剛開放工作簽證，我們也是請求其他日本公司幫忙，才能夠入境的。

雖然台灣也有動捕棚（動作捕捉攝影棚），但日本他們的動捕棚經驗相對較多，不只是器材，還需要導播等等，由懂 VTuber 的人來操作會比較好。像懶貓子的導播就是我自己一個人在操控 OBS 和音效設備。

再來就是我們對 3D 完全不懂，也不知道什麼叫素模、什麼叫渲染，幸好得到來自 Nilotoon 的 Colin 老師很多的協助。

現在回想起來，我覺得最深刻的難關就是遇到太多……

修修咻：不懂的東西太多？

懶貓：對！很多不懂、不知道的東西，又花費了很多冤枉錢，讓我一直覺得對觀眾很抱歉，畢竟是他們募資的錢，還好最後出來的結果是好的。

我們甚至有一個小懶貓子的 3D 模型，上場前都沒

有做得非常完善。我們演唱會當下只好使用預先錄影的方式播放，把小懶貓子影片放出來，而不是現場直播。

修修咻：有有有，我有看到！

懶貓：真的是學到滿多經驗啊。所以台灣前段班的 VTuber 開始 3D 化時，我們多多少少也會給一些建議和經驗，讓他們少走冤枉路。

像杏仁ミル要做 3D Live 的節目前來問我們，我也是把 Colin 老師介紹給他們。如果要我再辦一次，我可以只花三分之一的錢，做到一模一樣的效果，甚至可能更低的費用，四分之一都辦得到。

修修咻：我想問一下關於懶貓子、魔競 VTuber，以及公司未來的發展方向會是哪邊？

懶貓：以我的觀察來看，台灣的 VTuber 跟其他地區的狀態是不一樣的。大家所知道的日本 VTuber，應該就是 HOLOLIVE 和彩虹社旗下的 VTuber。HOLOLIVE 把他們的 VTuber 當作偶像在經營。

而實況的時數，以一整個月來說，日本直播最長的大概就是二百小時左右。而在台灣，你會發現實況

這一行，前五十名沒有一個是低於二百小時的。

修修咻：包含直播主嗎？

懶貓：對，包含直播主。我覺得這是長期培養下來的觀眾習性所造成的。

我能理解很多人堅持 VTuber 應該要長什麼樣子，但是大多數看台的觀眾，就是想尋求快樂，才會來看台、看 VTuber 的直播。

有些人可能是利用零碎的時間，一天看台三十分鐘。我要表達的是，我們養出來的觀眾習性，跟國外的差距很大。

所以這也是我們認為 VTuber 是藍海市場的原因，空間還很大，未來可以讓許多 VTuber 進駐。在我的認知裡，VTuber 是某種型態上「最終的實況主」。

修修咻：最終的實況主？

懶貓：對，VTuber 會是最終版本的實況主。你可以想像一下，如果今天我把真實的人或藝人放進遊戲裡面，會很突兀，就連最早的「RO 仙境傳說」，他們把藝人放進去的時候，都是套用裡面的角色。

但是，如果今天要把一個 VTuber 放進遊戲裡，像「純白和弦」、「幻塔」等遊戲，完全不突兀，而且 VTuber 很自然就可以接上遊戲裡的世界。

對於廠商、觀眾或玩家，這是一種很好的連動，這樣的例子在日本已經發生很多次了，台灣也正在發生，所以我認為市場與空間還是很大的。

回到你問的，我們未來發展的方向還是盡可能多找一些 VTuber。我們傾向 VTuber 自己決定往哪個路線發展，如果他想走 Gachi 風，或往台灣 Twitch 發展，例如像烟花、仔魚之類的；或他想走歌勢，像浠 Mizuki 之類的，我們也會幫助他。

所以，我們沒有限制未來發展的方向，但希望有朝一日能做出一個像我或大丸 Winds 這樣的 VTuber。那我們會如何定義自己呢？我們會接工商，並把它執行得很好，讓觀眾也愛看。或許有人認為 VTuber 收觀眾的斗內就已經夠賺了，怎還要接工商啊？然而從我們的角度來看，靠觀眾斗內是比較有風險的。

修修咻：我可以理解，從另外一個角度來看，如果工商合作

越頻繁，台灣的廠商就越願意投資在 VTuber 上。

懶貓：我們希望自己的收入更多元化，以保障某些事情失利時，還能夠繼續做下去。例如，如果斗內的收入可以像一些很強的 VTuber，一個月二十萬，那他是不是也希望自己的工商收入能有二十萬？這樣他就有四十萬，可以經營更好的內容，比如原創曲、Cover 曲，可以給粉絲更好的回饋。

這樣就不會糾結於我是拿觀眾的錢去回饋粉絲，而是我拿廠商的錢回饋大家，這樣觀眾感受會更好。

而且，斗內也有高峰和低谷。有時候觀眾的收入不穩定或沒那麼高，但他依然很想斗內，這個時候，身為一個正常人，我會希望他先把自己的生活過好。

當你真的很需要錢去做一件事時，有一定程度的工商收入會比較好處理。

修修咻：懶貓老師希望台灣能有更多的工商機會，讓 VTuber 的環境更好，除了斗內外，讓 VTuber 能正向循環去做他更想做的事。

就像台灣有些一、二萬訂閱數的 VTuber，每個月

的收入已經超過最低薪資。然而，如果他沒有接到更多的工商，只能倚靠觀眾，每個月接受大家的斗內，每個月開台帶給大家快樂。如果 VTuber 沒辦法跳脫這個循環，就變成一個死循環。

對於未來想要踏入 VTuber 這行業的台灣新人或公司，您有什麼建議嗎？

懶貓：我覺得最關鍵的，是要對這件事非常、非常有熱情，不要認為出道就會紅，千萬不要對自己抱著太大的信心。

現在入場的成本相對較高，我的建議是，如果你相對有些資本想試看看的話，那就以會讓自己感到快樂的方式去做。如果你是真的很想成功，建議多多參考台灣各個實況主、VTuber，從他們身上學些經驗會比較好。

修修咻：我也覺得台灣 VTuber 的前輩發展得越來越好，後來的新秀也比以前的好多了。但是以 VTuber 作為正職，還是很辛苦的。

懶貓：只有台灣 VTuber 的環境越來越好，作為正職才會比較不那麼辛苦。台灣跟日本的 VTuber 環境是有

所差異的，即使是日本的 VTuber，不論彩虹社或 HOLOLIVE，都盡可能接工商。我希望台灣未來也能發展到那樣的層面，最頂層的 VTuber 和實況主，他們若靠接工商就能滿足自己的收入，就會有更多的時間幫助下面的 VTuber。

修修咻：讓我們的環境越來越好。

懶貓：如果今天環境變好了，就像我五年前、三年前看 VTuber 的環境一樣。五年前我覺得這個市場沒機會，而三年前我覺得這個市場有機會了，現在，我覺得這個市場是非常有潛力的。

修修咻：所以在懶貓的眼裡，台灣的 VTuber 市場還是有很大的空間可以發展？

懶貓：對！這個市場現在要我說的話，我會說它是藍海市場。我相信很多人覺得 VTuber 好像已經額滿了、這麼多人紅了，而且那些紅的也就只有三、四萬的訂閱，頂多五萬而已。

但是我要跟你說，這個市場是完全的藍海市場。其實，我們正在慢慢接受二次元的東西，現在的人也沒那麼多的錢去買房、買一堆東西，大家漸漸把自

己的錢拿去消費、買娛樂，包含手遊或斗內 VTuber 看台等等的。

人類的空閒時間越多，VTuber 就越能占到利益，這利益不只是錢，也包含觀眾。

如果消費者的錢流到了手遊公司，手遊公司就會把錢給 VTuber 去做工商，我自己這邊就會接到魔競的工商。我們公司去年的營業額跟前年比，就成長了一・五倍。

修修咻：那很多耶！

懶貓：你就知道手遊有多誇張。我們公司 VTuber 在前年的商案只占了營業額的百分之一，但在去年是百分之三，所以商案就成長了三倍。我覺得未來可以成長到百分之十或二十都有可能。

甚至，我們還接到像剛剛說的「幻塔」，這些錢等於回到所有的 VTuber 上面，當然，最頂層的 VTuber 會拿比較多。但是我們要知道，這些頂層的 VTuber 一天也只有二十四小時，終究會遇到他不想接、沒空接的情況，這樣下面的 VTuber 自然就會接到越來越多的商案。這也是我們推出一期生

後，甚至想做二期生的原因。

修修咻：我了解了。感謝懶貓老師今天接受訪談。

璐洛洛

璐洛洛（Ruroro，人造人 VTuber）是數位軸策略行銷顧問所推出的 VTuber，出道於 2019 年 8 月 22 日，目前隸屬於蜂沛創意行銷有限公司，頻道內容以遊戲、雜談為主。頻道內除了直播外，也經常更新遊戲攻略影片，其中最知名的系列便是手機遊戲《原神》的攻略影片。

此外，璐洛洛也是台灣 VTuber 界中，少數擁有全 3D 建模與設備的 VTuber。

蜂沛創意行銷提供

修修咻： 璐洛洛您好，為什麼您會選擇 VTuber 這個新興行業，有受到什麼事件或人物的影響嗎？

璐洛洛： 哈囉！我是璐洛洛！璐洛洛是一個人造人虛擬 YouTuber，我誕生於一群研究員的製作。因為之前有個女孩想在 YouTube 上面直播，並製作遊戲影片，所以這群研究員就將那女孩的意識和感知，傳輸到我這個人造人的軀體裡，這樣我才可以在 YouTube 上做我想做的事情。不過，洛洛跟現實人類不是處在同一個時空唷！

相信滿多人想要了解 VTuber 這項行業，所以我想分享一些看法。我覺得 VTuber 這個新興行業會在台灣流行，主要是 VTuber 起源於日本，後來就演變成虛擬的 YouTuber。因為日本的 VTuber 大部分是在 YouTube 進行實況的直播主，所以以實況為主要功能的 Twitch 也連帶誕生了一些虛擬的實況主。我認為現階段的 VTuber 其實就是 YouTuber，也就是實況主，只是多了一種不同表演形式的選擇。

舊有的 YouTuber 與實況主都是以真人露臉為主，

現在多了一個讓大家以不露臉的方式表演，加上許多很專業的虛擬外皮或 3D 建模技術，所以現在的 YouTuber 和實況主有更多表演的形式。因此，我認為 VTuber 這個行業讓想要表演的人，多了一種選擇。

修修咻：我了解了。VTuber 從日本發展到現在，已經成為一種新型態的表演藝術，璐洛洛老師會選擇這個行業，主要也是為了讓一個女孩子，能在虛擬世界展現出自我的表演方式，可以這麼說嗎？

璐洛洛：可以這麼說。因為在我軀體裡的那一份感知，就是想在 YouTube 直播遊戲，或製作一些遊戲的影片，然後跟大家分享、教大家怎麼玩，或玩遊戲給大家看，最終還可以認識更多不同的人。

修修咻：璐洛洛剛開始成為 VTuber 的時候，有遇到什麼阻礙嗎？

璐洛洛：因為 YouTube 已經發展很長一段時間了，已經是一個很成熟的影音平台。初期最大的阻礙是演算法的部分，不論是實況主、YouTuber 或 VTuber，大家都是依靠這個平台表演、表現。可是，現在 YouTube

已經沒有當初的流量紅利，上面的影片非常多，新的頻道主很難觸發推薦影片的演算法。

因此，我們這些新頻道主為了要突破演算法，讓 YouTube 知道這個頻道是有在更新的、是可以下廣告的，就要很穩定地在某段時間發布影片，或是短時間內有大量的觀看和互動。我們那時候也不是想以爆紅的方式觸發演算法，而是以比較熱門的遊戲做相關的內容，試試看能不能觸發演算法，再針對該遊戲做系列的影片內容。

我們是走比較穩定發展的路線，加上我自己本來就很喜歡玩遊戲，所以我一開始就做了滿多遊戲的攻略。我頻道裡就有一支「回顧特輯」，回顧我從出道到現在的影片。一般來說，手遊生命週期比較短，可能二、三個月熱度就會降低，手遊熱度降低後，就要再找其他的遊戲。後來比較有爆發性和穩定性的是「原神」這款遊戲。

修修咻：就是一開始為了讓演算法認識自己並推廣頻道時，你們花了比較多的時間去尋找方向？

璐洛洛：因為 YouTube 現在已經有非常多的內容，市場被

分化得非常細。雖然我的頻道主要是以遊戲為主，但 YouTube 上已經有非常多做遊戲相關內容的 YouTuber 了，因此要再更細分說明我這個頻道是做什麼遊戲的，或做什麼領域的內容，這樣才能讓演算法知道你頻道的主要內容？光這點就要做滿多測試的。

修修咻： 你們團隊創造璐洛洛的初期成本大概是多少呢？

璐洛洛： 我被啟動時已經是人造人了，之前的成本我沒概念。我們要進行直播就需要一些電腦硬體設備，例如螢幕、鍵盤、主機、麥克風、攝影機、手機等等，加上我還要製作攻略影片，所以我們還花錢買了音樂網站的使用版權。

刚開始我們的設備也不太好，螢幕只二十三、二十四吋，沒有雙螢幕，直播聊天室還要另外用手機看，麥克風用的是 Blue YETI，稍微比較中價位的好一點點，現在已經壞掉了，換別的麥克風了。目前除了升級更好的麥克風外，也添購了音效卡等等的。

不過我知道從人類角度來說，他們啟動我之前，除

了剛剛説的電腦硬體設備那些成本外，還有設計角色的費用。每位繪師的設計費也不一樣，會因人物設計的複雜度、精緻度，或繪師的人氣、名氣等等，而影響設計費用。

畫完外觀後，還要交給 2D 外皮的建模師綁定骨架，目前聽説建模師業界各種價位都有。

等到 2D 外皮做出來後，再去購買可以進行 2D 實況的軟體。此外，現在 3D 技術越來越成熟，已經有滿多 VTuber 準備以 3D 的形象做直播。

如果想要用 3D 模型直播，就得再找 3D 建模師做整體的設計，之後就得更換 3D 所使用的軟體。因為 3D 比 2D 更靈活，全身 360 度每個角度都可以動，也需要購買動態捕捉設備和動捕衣等等，還需要臉部捕捉軟體，因此 3D VTuber 的成本會更高一些。

修修咻：請問一下璐洛洛老師，你們目前整個團隊主要的收益來源是哪些？方便透露嗎？

璐洛洛：收益的金額可能不方便説得太詳細。但我可以大概説明主要的占比來自於哪些。我是 2019 年出道，

今年已經出道第四年。2019 年到 2020 年的時候，主要還在測試頻道內容的演算法，前期也有很多設備要投入，其實我們在第一年就嘗試做 3D 模型，所以那年花的費用比較多，第一年還是有一點小虧損的。

但是，在 2020 年上半年的時候，團隊開始幫我接一些商案，所以第二年到第三年之間，除了主要的 Super Chat、觀眾斗內外，還有小部分的 YouTube 廣告收益，以及少許的工商收入。

第二年的 Super Chat 大約就占了六、七成，剩下的三成就是廣告收益和工商；2020 年下半年因為接觸到原神遊戲，流量跟訂閱數開始變多，因此第三年之後的工商也變得比較多。團隊當時幫我設定的路線就是以穩定的工商案為目標，而不是觀眾的斗內，所以我比較著重在經營自己的內容。

去年 2022 年整年度的占比，工商已經超越整體廣告收益和觀眾的斗內，我們現在也開始嘗試一些周邊商品。

今年嘗試報名 FF 的企業攤，有些額外的收入，可

以做更多的周邊回饋觀眾。但因為是第一次做周邊，製作部分有些超支，不過還是滿有趣的。今年 2023 年也嘗試募資籌備，看看下半年能不能再做一些其他想做的事情。很感謝這段期間所有支持洛洛的觀眾，讓我有機會可以一步步實現自己的夢想。

修修咻：所以收益本身是有變化的，重點在於都是相對穩定成長，並且在業配比例上變得比較高一些。另外想請問，璐洛洛是個金髮的少女，研究員剛開始是如何決定這個外貌的呢？

璐洛洛：我記得他們說我是一個喜歡玩遊戲的女孩，所以我的設計會和遊戲相關，同時，以遊戲來延伸的話，他們考量到之後我會接到如 3C、電競、ACG 等商案或代言商品，所以他們在研發的時候，希望我是一個比較偏向未來感的人造人少女，外型設定上也比較有未來感。

修修咻：以科技和未來感的方向做設計。

璐洛洛：形象上也是比較有活力、喜歡玩遊戲的女孩！

修修咻：3D 直播是台灣 VTuber 比較難碰觸的領域，想請問

璐洛洛對於 3D 直播有什麼想法或心得嗎？

璐洛洛：就我所知，台灣目前的 VTuber 大部分是個人勢為
主，目前比較成熟的 3D 直播設備或空間，應該就
是空箱 * 的光學動捕空間，他們有很多動捕衣，但
費用和成本都比較昂貴。

一般人如果沒有企業或資本支撐的話，很難接觸
到那塊。然而，日本 Sony 最近有製造一套動捕的
新設備，價格好像比較便宜，若有想要 3D 直播的
VTuber 可以嘗試從那邊入手。如果想做些比較特別
的企畫，也可以考慮租借光學動捕設備體驗看看。

相較於 2D，3D 直播可以玩出很多不同的變化。2D
只能偏向雜談、聊天形式，或只能截取視訊角度的
範圍，沒有辦法呈現下半身或其他手部靈活的動
作。

但是 3D 直播的話，你想轉一圈、跳舞、跟觀眾揮
手互動，或是比較細部的手指動作，像是超級比一
比這類遊戲，都可以表現得非常靈活。3D 還有一

---

* 空箱（KALOR BOX）是由 KITSUNEKON 小空為主的 VTuber 箱推企
畫。

個優點，如果 2D 要換服裝的話，要找繪師另外繪製或去網路找素材來套用，但是 3D 的話，模型做好之後，換衣服就像直接換裝一樣，不需花那麼多時間等繪師畫新的服裝和建模。雖然 3D 的初期成本較高，但後續相對比較不會那麼麻煩。

3D 的 VTuber 直播還不多，有很多新的玩法，這也是我們在 2023 年下半年想去做的新挑戰！

修修咻：璐洛洛老師除了直播外，也做了相當多的「原神」攻略，當初怎麼會選擇「原神」做系列影片呢？

璐洛洛：就像之前說，我本來就很喜歡玩遊戲，也做了很多手遊的攻略。雖然大家比較愛玩手遊，但它的生命週期比較短，所以我會持續留意有沒有一些不錯的遊戲，把它們當成影片素材。

在「原神」之前，我的頻道主要是以「七大罪：光與暗之交戰」這款遊戲為主，但當時已經到了手遊週期偏後的階段了，流量開始下滑。那時正好注意到「原神」這款遊戲在招募二次封測，試玩的過程覺得很不錯，因此決定正式公測後就主攻這款遊戲。

不過，那時候「原神」其實有滿多爭議的，而我卻沒注意到這點，我就是單純喜歡這款遊戲，一路做下去。後來大概過了二、三個月，才知道「原神」有這麼多爭議，有些人甚至不敢去觸碰，反而我還不知情一路做下來。還有人覺得我好勇敢，都沒有被影響。

其實一開始也有一些 YouTuber 在做「原神」的攻略，後來就只剩下我了，我當時還在納悶。

修修咻：了解，我當時也是滿好奇的。

璐洛洛：我記得我做「原神」的時候，流量也不是最高的，當時滿多 YouTuber 也在做，我的流量應該在第三名後面吧。過了一、二個月後，就只剩下我了，也因為只剩下我，所以大家都聚集過來了，這也算是有點運氣成分在裡面。

修修咻：您常常進行一些非常長時間的遊戲直播……

璐洛洛：你是說五、六、七、八小時嗎？

修修咻：對，這些五、六、七、八小時的長時間直播，您有什麼心境？或是可以給 VTuber 界的同好什麼建議嗎？

璐洛洛： 也談不上能提供什麼建議，主要是我喜歡把事情一
次做完。我長時間直播，是因為我一到五都在做影
片，六、日的時間就留給觀眾，跟觀眾互動，我會
把遊戲的活動或劇情，留在六、日一次全部播給觀
眾看，這樣時間就會比較長。

想要挑戰長時間直播的話，我認為「身體健康很重
要！」並且要「保持運動的習慣」！

因為長時間直播，會固定維持一個姿勢，所以我平
常都會做核心運動，這樣長時間直播下來比較不會
腰痠背痛。如果大家要嘗試長時間直播，一定要記
得定期做運動，尤其可以做重量訓練以及增加肌肉
量的訓練。

另外，因為我在 Twitch 和 YouTube 兩個平台都有
直播，我的經驗是，在 Twitch 上面，只要跟到熱
門的遊戲，長時間直播效果是很好的，就像最近的
「霍格華茲的傳承」。如果在遊戲剛上市的那一陣
子，做長時間直播比較有機會讓新的觀眾認識到你
的頻道。然而，如果是 YouTube 的話，觀眾比較傾
向在平台上得到自己想要的東西，一旦他們看完重

點後，就會關掉了，不像 Twitch 的觀眾會掛台，或是長時間在上面觀看。總體來說，YouTube 比較偏向把直播內容節目化，而 Twitch 則是一種類似家人的陪伴感。

YouTube 的演算法也可以跟大家分享一下。剛開始做直播時，平台會把訂閱小鈴鐺的通知推出去，但如果觀眾在影片直播時沒有點進來、沒有互動行為的話，長時間後 YouTube 就會減少訂閱小鈴鐺通知的頻率，觀眾就會越來越少。

我是覺得，要做長時間直播的話，就不要太在意數字，抱著「平常心」，此外，也要持續觀察後台數據，研究什麼樣的類型是觀眾比較喜歡的，平時也要多吸收各種時事或圈外關注的資訊。

修修咻：請問璐洛洛人造人 VTuber 的頻道，未來發展的方向是往哪邊呢？

璐洛洛：我們剛出道的時候，就有設定一些階段性的目標。

第一階段是透過特定遊戲讓大家認識到洛洛。

第二階段則是讓更多人因為洛洛，而看到更多和 VTuber 相關的東西；第三階段就是讓洛洛更 IP

化，或是更有自己的形象，使得更多人認識洛洛這個 IP，逐漸累積更大的能量，成為具有影響力的 VTuber。

修修咻：目前在第三階段了嗎？

璐洛洛：目前大概在第二到第三的階段。

應該說，第一階段因為需要演算法的部分，所以我們需要比較有話題性或是相關的關鍵字，讓話題或關鍵字去帶流量，從而認識洛洛這個名字。

第二階段是讓大家從洛洛這個名字，可以更了解洛洛的個性以及她平常在做的事。

第三階段是讓洛洛更 IP 化，推出更多不同的周邊，或參與代言機會、演出機會，也希望有機會可以做一些我們想做的節目。

修修咻：了解，所以第三階段比較想往更多面向發展。

璐洛洛：變得更品牌化的一個階段。

修修咻：對於未來想踏入 VTuber 這個行業的新人，璐洛洛老師有什麼建議要給大家嗎？

璐洛洛：想要踏入 VTuber 行業的話，請先了解你之所以想當 VTuber 的原因，以及你想獲得的是什麼？

因為每個人想當 VTuber 的目的不一樣，有些人想要知名度、有些人想要交朋友、有些人是想要實現個人理想、有些人想要擺脫社恐的個性等等。

再來，就是要設定一個目標。你的目標會決定你怎麼出發，中間需要擬定什麼樣的計畫，或是要鋪什麼樣的路等等。

我覺得目標是很重要的，「你要一定程度地了解你自己」，因為 YouTube 和 Twitch 都是表現自己的地方，所以你要知道自己有什麼樣的特質可以吸引人？

無論是你的個性、談吐、人格特質，找出自己的特色，最簡單的方法就是做一份「SWOT 分析（強弱危機分析表）」，你的優點、弱點是哪些，然後去凸顯你的優點。

如果你打算靠平台養活自己，就更需要多做些前置功課，例如商業模式的描繪、鎖定你要觸及的觀眾、描繪這些觀眾的特點和喜歡的內容，有點類似觀眾側寫的概念，並且分析你的內容可以為他們帶來什麼，或是解決什麼。最好能夠建立回流的誘

因，這樣頻道的流量才不會因為時效性而縮減。持續製作讓觀眾回流的影片，可以讓頻道累積更多的「被動流量」，時間一長，後續就會看見不錯的成果。如果事前可以準備得越多，後續的失敗率也能降得越低；反之，若是什麼功課都沒有做，就像裸體上戰場一樣，在這個競爭激烈的環境中是很可怕的。

以我為例，因為我比較喜歡玩遊戲，所以我就以遊戲影片作為出發。唱歌不是我最大的優勢，不過也是我滿喜歡的興趣之一，所以就把它放在第三、第四的順位。

再來是目標。如果還沒有一個最終的目標，也可以設立一個階段性目標。階段性目標可以分成有形的和無形的目標。有形的目標例如一年內要達到一萬訂閱數，而無形的目標，比方說，希望自己可以變成一個更好的人，那更好的部分是哪一部分呢？是能夠幫助別人？是實現自我的價值？

無形的目標很重要，因為在實現有形的目標過程中，有時候你會迷失在數字裡，讓你變得不是那麼

地快樂，然而，當一位 VTuber，快樂、開心、有成就感是非常重要的！有熱情、心理踏實，才會讓你像打了興奮劑一樣，埋頭工作十二小時以上都不覺得累。

演算法有時候真的會讓很多創作者，產生一些心裡壓力，不是因為觀眾沒有注意到你或不喜歡你，純粹是因為演算法沒有把你推廣出去，或沒有做行銷、沒投廣告之類的，不要對自己太灰心。

修修咻： 快樂很重要！

璐洛洛： 像我就給自己一句話，我希望自己每天都比昨天更進步一點，不管是一點點或是很大點，只要每天都比昨天的自己更進步一點，這樣就很好了。

修修咻： 謝謝璐洛洛老師，最後您有什麼想和我們讀者說的嗎？

璐洛洛： 我每個月月底都會開雜談直播，如果大家沒有在玩「原神」，也可以在月底時來跟我聊天，參加我的月底雜談直播。最後，我也想多嘗試一般 VTuber 沒做過的企畫和節目內容，希望可以認識更多志同道合、想要一起玩轉創意的夥伴。

兔姬

兔姬本身除了是 VTuber
外，也是台灣知名同人場
大手繪師，並且任職於遊
戲公司，擔任手機遊戲主
要繪師。

　　直播內容以繪圖、雜
談、遊戲為主，由於身兼
多職的關係，開直播的頻
率較低，但從 2020 年出
道後，現今已累積超過 8
萬的訂閱數。

兔姬提供

修修咻：兔姬老師您好，請問您為什麼會選擇 VTuber 這個新興行業？是受什麼事件或人物的影響嗎？

兔姬：開始認識到 VTuber 文化的時候，大概是在日本 VTuber 四天王的時期。此外，當時也受到台灣雅虎 VTuber「虎妮」以及「咪嚕」委託繪圖的合作機會。

在我們合作一段時間後，有幸受到咪嚕的邀請，上了她節目的訪談。那次經驗讓我深深感受到二次元的美好，也覺得非常有趣，例如咪嚕跟大家互動、各環節的構思，以及節目過程的製作，在在都吸引我的好奇心。

在興趣跟愛好的驅使下，我有了成為 VTuber 的想法。這過程可以說咪嚕對我的影響最大，至今還是很受到咪嚕的照顧。

修修咻：所以是先認識四天王，然後因為工作關係接觸到 VTuber 文化，並且深深受到咪嚕老師的影響。

準備踏入 VTuber 這個行業時，有遇到什麼阻礙嗎？

兔姬：阻礙的話，回想起來好像真的沒有。

那時候台灣 VTuber 的風氣不像現在這麼盛行，好像只有不到百人在活動，記得住名字的可能也沒多少人。當時有點擔心兔姬出道後，會不會接受度不高，或是讓大家有不好的印象。*

等到兔姬出道之後，才有耳聞，當時台灣 VTuber 圈有一部分人擔心會造成不好的影響，即兔姬不是那麼純粹的 VTuber 的感覺。

修修咻：這情況就像當初絆愛自己所定義的 VTuber，跟現在的 VTuber 已經有很多的不同了。

兔姬：真的真的！所以那時候我可以理解大家的顧慮，也希望自己不要讓大家失望，所以出道前我做了很多功課。

絆愛就是很棒、很完整的案例，我也會觀察咪嚕和其他台灣 VTuber 大前輩是如何經營自己的頻道，也先準備好直播時會用到的素材，希望在直播當天以及往後都給大家留下很好的印象。

---

* 2020 年，日本、台灣 VTuber 圈還不太能接受類似兔姬這種本人是現實世界中的繪師，然後自己畫了 VTuber 外皮並出道的狀況，不過 2023 年的今天已經沒有這個問題了。

也因為有經歷過這樣的學習過程，所以能夠順利地經營到現在，沒遇到什麼障礙。

修修咻：請問一下，當初 2020 年你從開始到初配信之前，大概投入了多少成本呢？你還有印象嗎？

兔姬：有印象，印象很深刻！因為我原本的電腦完全沒辦法直播，所以為了出道，還特別組了一台新的電腦。

此外，還有「轉生」（從三次元「轉世」到二次元）進入別的次元所需要的費用，像是直播的素材，比如背景圖片和音樂，硬體像是麥克風、器材的部分，林林總總加起來的話，大概也有新台幣十萬元差不多。

現在聽起來感覺很少是不是？那是因為現在（2023年）出道的成本超級高。

修修咻：我覺得那個時候的成本，跟現在的成本感覺又不太一樣。因為那個時候可以透過 VTuber 收益的方式，跟現在差別滿多的？

兔姬：確實，以前收益的方式比較少，但現在的狀況主要是因為轉生的費用明顯漲太多了。

所以 2020 年的時候，初期大概要花十萬或少一點，就可以做頻道了。現在基本上你沒有超過十萬以上，要出道真的是有一定的難度。

修修咻： 那目前兔姬老師的 VTuber 收益來源，主要有哪些方向呢？

兔姬： 主要收入來源還是觀眾的斗內，或者是加入會員的費用。

修修咻： 兔姬老師當初是如何決定要賦予這個角色怎樣的……外皮和設定？因為有些觀眾會調侃兔姬外型不像兔子。

兔姬： 聽你猶豫了一下，是不是覺得這個問題很失禮？但其實我接受過的大部分訪談，都會問到這個問題！
其實兔姬決定要轉生的時候，就已經有了大致的想法。因為我本身喜歡兔子，然後取名又叫兔姬，觀眾一看就知道這 VTuber 一定是隻兔子！
轉生的過程中一切都很順利，然而出道後，不知道為什麼大家都覺得兔姬不像兔子，反而像其他生物。這也是我沒辦法理解的部分（笑）。

修修咻： 可能觀眾覺得兔姬老師的動作和反應很可愛吧？

兔姬：鐵定是髮色的問題！如果是淺髮色或其他髮色，就比較像兔子了！

因為頭髮是咖啡色，又有那對耳朵，就像手機遊戲「明日方舟」裡的那個角色了。

修修咻：或許是您出道時，「明日方舟」正好紅起來，讓觀眾有點聯想。

我特別好奇一點，兔姬老師原本是同人場的繪師，也有一些商業出版，從繪師到 VTuber 可以說是非常大的轉變，而且現在還有繼續製作同人場和商業作品，據我所知，您也有做遊戲的原畫創作。

兔姬：對，沒錯！

修修咻：這麼多型態的工作，在各類型工作中您心境上有什麼轉變嗎？

兔姬：其實心境上不會有太大的差別，因為都是創作的一部分，只是載體不同。

比如說，我在畫圖的一些想法，或是有趣的過程，像之前有段直播精華就是在講遊戲開發，就提到大家在辦公室裡看著限制級的內容構思遊戲的畫面，卻還要冷靜不為所動之類的。像這類的趣事，就可

以藉由直播的方式跟大家分享。不同的載體可以分享不同的事情。

修修咻： 因為不同載體，反而會讓你在 VTuber 活動或其他創作上，有更多的創意來源，可以這樣解釋嗎？

兔姬： 是的。我還想到一點，例如畫師畫完一張圖後放在網路上，一般的情況就是看到大家的留言，再打字回覆。

但是轉生成為 VTuber 後，反而可以跟那些喜歡兔姬，或喜歡兔姬作品的觀眾，直接在直播中表達感謝之意，拉近互動的距離。無論對我或對粉絲來說，都是很令人開心的精神養分。這部分是很明顯不一樣的地方。

修修咻： 就像每天都在同人場的感覺？

兔姬： 我覺得每天都在同人場還滿消耗精神的……

修修咻： 我是指每天在同人場面對粉絲的那種感覺？

兔姬： 其實同人場反而很難好好面對粉絲。

可能剛開始的同人場環境還算適合，可是現在的同人場，像上次的 FF40 就滿不適合的。場內擠炸了！有些人從南部上來，遠距離參展其實滿辛苦的。

但直播的話，就不會有距離的問題，大家可以很輕
鬆地在自己的家，躺著啊或幹嘛的來收看直播。我
覺得以互動來說，直播還是比較理想。

修修咻： 剛剛提到兔姬老師有很多份工作，如繪師、遊戲繪
師、同人本創作、VTuber 直播，每個人一天只有
二十四小時，您是如何分配時間的呢？

兔姬： 其實最簡單的方式就是所謂的「犧牲睡眠時間」。
犧牲睡眠時間就會讓人覺得一天不只二十四小時，
但其實還是二十四小時。平常占最長工作時間的就
是「遊戲公司」，兔姬現在是在侍達遊戲工作，身
兼美術總監。下班回家後，就是直播和創作二選
一，這部分就要好好去做時間分配了，很難完全兼
顧，必須取捨。

修修咻： 我發現以台灣 VTuber 活動的頻率來看，兔姬老師
直播的時數算是相對偏少的。

兔姬： 對對對。

修修咻： 但這也是沒辦法的事？

兔姬： 其實很感謝姬友還滿理解兔姬的狀況，就是知道兔
姬很忙，依然很支持兔姬，真的很感謝大家！

這點我就滿佩服日本 VTuber 的犬山玉姬跟時雨羽衣，他們兩位都是繪師轉生的 VTuber，像犬山現在應該比較少畫圖了，較常在直播，而還有正職的時雨羽衣，直播的頻率也不像一般的 VTuber 一週三至五次，她每天都在開台。

修修咻：他們可能都不用睡覺？

兔姬：或是日本的時間一天不止二十四小時（笑）。

修修咻：請問兔姬老師在 2020 年那段時間，台灣 VTuber 的觀眾還非常少，當時是如何度過直播間人非常少的情況呢？

兔姬：雖然直播時，觀看數字會顯示在那邊，但說實在的，我沒有很在意觀眾非常少的這件事。可能已經知道那時候的環境，觀眾沒有特別多，就不會太專注於這件事情上，比較專注在直播的表現。

那個過程比較像是給自己的練習跟嘗試，注意力會放在直播的當下，比較少注意人數的問題。

直到經營到一定程度，投入的人也越來越多、環境也越來越好，那時的確就會開始觀察，也會好奇環境不同時，觀眾到底有沒有變多。我跟其他的台灣

VTuber 也會討論這個部分。

修修咻：那反過來說，您會建議新人如何度過直播間人數很少的情況呢？或是他們的心態要如何調整？您有什麼建議嗎？

兔姬：如果新人不希望第一次直播，甚至出道後一個禮拜內的直播人數都低於十人以下的話，那在出道前的準備工作會變得很關鍵！

現在的環境沒辦法像 2020 年那樣可以慢慢起步，必須在一登場就做足準備。在越來越多企業勢投入這領域後，一般的個人勢確實會變得比較弱勢。

如果初配信那一天的觀眾只有個位數，確實是滿令人難過的，但心態上就是要接受這個事實。如果不想發生這種情況的話，那在準備初配信的過程中，真的要多花一點心力，雖然是個人勢，可是畢竟跟企業勢還是在同一個市場上競爭啊！

只能說必須要努力準備，不然就會更辛苦、更難堅持。所以該做的準備還是要做，然後用平常心的態度去面對當天出現的觀眾，跟他們好好相處。

修修咻：OK 我了解，為了往後的發展，現在初配信之前的

準備要比當年更辛苦。據知兔姬 VTuber 準備要 3D 化，除此之外，兔姬未來的發展預計往哪個方向走呢？

兔姬： 其實對兔姬來說，VTuber 的身分不只是單純的直播主，更像是創作者。VTuber 有趣的地方和最大的魅力，一直都是所謂的「多樣性」，不論是外貌的多樣性，或是直播當下帶給觀眾的多樣性。未來希望可以嘗試不同的表演方式。

3D 化之後能做的事情更多，希望會有更多跨領域或更跨次元的合作，也期許自己在這過程中可以一直保持初心，初心很重要！

修修咻： 像前陣子和台灣角川合作，推出輕小說《百合撩亂☆兔姬臨杏～不〇〇〇就出不去的房間～》那樣？

兔姬： 對對對！

修修咻： 最後想請問兔姬老師，對於未來想踏入 VTuber 這個行業的新人，您有什麼建議要給他們嗎？

兔姬： 建議想成為 VTuber 的大家，不要太心急。

從出道到現在，看到很多個人勢非常著急，因為現在的環境確實越來越競爭，然而剛出道就心急，很

容易就倒在沙灘上，還是「做好準備再出發，不要太心急」比較好。

可以多花些時間觀察，觀察前輩怎麼經營，以及為什麼有些觀眾特別喜歡某一類型的直播，以及觀察前輩是如何和觀眾互動。

一些關於 VTuber 的文章也可以多看，但感覺現在的人好像不太看文章了？最後，就是給自己設計一些階段性的安排和規畫。

目前這個行業跟以前比起來，幾乎每天都有新人投入。去年就有人做過統計，印象中每天似乎有好幾百人等著出道？然而觀眾知道的好像沒有那麼多，這就是因為沒有好好宣傳和長時間準備的關係。每天都有 VTuber 投入，也有人放棄出道或是選擇畢業。

現在很多人會以為台灣 VTuber 很好賺，這跟以前直播主剛盛行的時候一樣，大家也都以為當直播主很爽、很開心，每天都不用上班，在家裡開個直播、打打遊戲就可以賺錢。現在的新人還是抱有這樣的印象。

其實要了解 VTuber 這一行，真的要自己嘗試、經歷過，才會知道跟自己想像的是不是一樣。建議新人可以給自己一年的時間，真的受不了才放棄。先設個停損點，實際跑過一次才知道自己到底適不適合、能不能做到。

希望大家在這個過程中可以快樂地享受直播，我知道滿多在這個圈子裡的人，精神壓力很大，這樣滿辛苦的。

修修咻： 總結一下。出道前要多觀察、多了解各個主播，包含未來想走哪個方向。在準備充足的情況下，出道後給自己設定「階段性目標」，最終，就是要設個停損點，畢竟 VTuber 不像真人直播主，只要準備網路攝影機即可，VTuber 要準備很多的東西。

兔姬： 這的確是很多新人剛開始沒有想到的，他們以為只要開一個 VTuber 直播就好。其實當 VTuber 要比當直播主麻煩多了，要準備的素材真的滿多滿瑣碎的。剛分享的這些，其實也可以套用在人生上，無論要做什麼事之前，都要做好規畫，是一樣的道理。

修修咻： 不要把當 VTuber 想得太美好。

兔姬：就是因為看起來很美好，才會有人願意投入，然而能不能長久待在這個環境中，就要靠個人的努力了。

修修咻：了解了。謝謝兔姬老師今天接受我們的訪談。

塔芭絲可

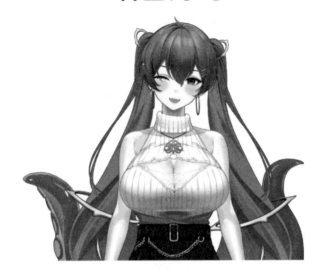

塔芭絲可，是一隻人設為有話直說的「混沌章魚」
VTuber，平常大家都稱呼她 Tako。為 VTuber 團體
「Mirolive」一期生成員之一。頻道以雜談、ASMR
為主，偶爾也會玩一些遊戲。2021 年 3 月 13 日出
道，頻道訂閱數在 2023 年 3 月突破十萬大關，成為
銀盾級 VTuber。

米諾文創娛樂提供

修修咻：塔芭絲可您好，當初為什麼會選擇 VTuber 這個
　　　　新興行業，是受了什麼事件或人物的影響嗎？

塔芭絲可：我剛開始沒有預計要成為 VTuber 的。但我本身
　　　　滿早就有在看 VTuber 的節目。絆愛出來時還沒
　　　　有看，直到輝夜月就有接觸了，可是那時還沒
　　　　很了解。

　　　　後來是看到 HOLOLIVE 的二期生，覺得很酷、很
　　　　特別，就持續看下去，且在那時就開始稍稍了解
　　　　VTuber 這個行業跟產業了。

　　　　會成為 VTuber 是因為有個很奇異的契機。我本
　　　　來是攝影師，睡前都會滑 SNS，看到有一項工作
　　　　是在徵 VTuber 中之人，因為好奇就去面試，就
　　　　面試上了。

修修咻：過程這麼單純？

塔芭絲可：就是這麼單純，而且我還是躺在床上面試的。

修修咻：您初期踏入 VTuber 這個行業，有遇到什麼阻礙
　　　　嗎？

塔芭絲可：我自認是沒有受到什麼阻礙，可能我比較幸運。
　　　　我面試的是企業勢，所以在初期公司給予很多資

源，包含電腦設備、麥克風、2D 外皮，甚至直播需要的東西，都有人協助，沒有什麼阻礙。

修修咻：那麼初期投入的成本，也沒有太多嗎？

塔芭絲可：我出道的時間滿尷尬的。出道後大概二、三個月，當時大家比較注重 2D 外皮的細緻度。我一開始 2D 外皮的細緻度，不得不說並沒有那麼地優異，跟其他 VTuber 相比，沒有那麼多細節，所以沒有特別地亮眼、吸睛。

後續 2D 外皮要更新，除了公司有支付一些費用外，我還自費了大約新台幣十三萬元的美術成本。

修修咻：目前塔芭絲可主要的收益來源是哪方面呢？

塔芭絲可：這可以直接説，我在 YouTube 上是沒有開廣告營利的，所以我的所有收入來源都是來自 SC 跟會員訂閱。

修修咻：為什麼塔芭絲可的頻道不開廣告營利呢？

塔芭絲可：不開廣告是有理由的，因為我的 2D 外皮「性徵」特別「大」，不論我做什麼內容都比較容易被黃標。甚至我只是玩個小品遊戲也會被黃標，

黃標會降觸及率，為了不要降觸及率，就決定直接把廣告營利全關掉。

修修咻：您最初是如何決定 VTuber 的角色外貌以及設定呢？

塔芭絲可：其實很感謝公司給我的自由。所有的設定和故事都是我自己的構想。有什麼想法跟公司協調，公司也都同意，真的非常感謝他們給我的自由。

修修咻：塔芭絲可的訂閱數在台灣 VTuber 圈算是後來居上，想請問在剛開始直播人數不多時，是如何堅持下去的呢？

塔芭絲可：我對自己是滿要求的，雖然一開始是心血來潮要做這件事，但是「既然我決定要做這件事，我就要做到好」。

我出道的時候是 2021 年 3 月 13 日，台灣 VTuber 在那時還沒有現在這麼蓬勃，沒有什麼客群，也沒有什麼前輩教你怎麼做。所以，我只好用最古老的方法增加 YouTube 的觸及率，就是「瘋狂開直播」。

修修咻：因您擅長 ASMR，這方面有什麼要跟台灣觀眾或

VTuber 新人分享的嗎？

塔芭絲可：關於 ASMR 我也是後來自己摸索的，所以我知道如果從零開始研究會花很多時間。要給什麼意見的話，我可能會講得比較嚴肅。

有些有心想要學習或鑽研的網友，都會跟我請教，其實如果我感受到你的用心，我都會分享。有些是從零開始詢問的，像是麥克風、錄音介面，甚至用什麼軟體，我也都會教。然而，因為投入 ASMR 成本真的太高了，希望你是真的想做再來做。

說直白一點，可能有些人覺得 ASMR 是個流量密碼，能讓自己往上爬的方法，增加觸及率，這些我都可以理解。但投入的成本真的太高了，因此對於只是想要「試試」的人，我是不推薦直接衝進來的。

修修咻：目前 ASMR 比較貴的設備應該就是麥克風，您方便透露一下目前適合 ASMR 用的麥克風大概是什麼價位的呢？

塔芭絲可：以我的麥克風來說，其實就是大部分人有的 3DIO

雙耳麥克風，新台幣三萬五千元。後來我又添購其他麥克風，一萬八千元的，再來又買了一顆人頭麥克風，三萬六的，此外還買了支五千元備用的麥克風。

接下來是錄音介面。剛開始是用六千五百元的，而現在使用的錄音介面是兩萬八千元的。

修修咻：成本真的滿高的！相當於做一款很精緻的外皮價格。

塔芭絲可：真的是差不多，這是條不歸路啦！所以我不太推薦。

修修咻：塔芭絲可目前訂閱數快速增加，對於自己VTuber 的活動上有什麼影響嗎？

塔芭絲可：訂閱數快速增長的情況下，觸及率也會變得很高，你可能會被完全不知道 VTuber 是什麼的路人看到，通常他們會提出比較多關於 VTuber 的問題，我也滿開心能回答他們的。畢竟一個路人是透過我而接觸到 VTuber，我對他的影響就很大，希望因為我的介紹，他會喜歡上台灣 VTuber這個圈子。由於我經常回應這類問題，導致我的

觀眾都會說：「你要不要乾脆做一張圖給他們看？」

修修咻：由於觀眾的增加，會增加很多重複性的問題嗎？

塔芭絲可：會回答滿多重複性的問題的。我有跟同為 VTuber 的朋友討論過，我這邊基本上不會出現讓大家困擾的觀眾，比如問你私人問題的，或是有點越界想要影響你的選擇的，這些都不會出現。

因為我和我的觀眾有一個約定，「身為我的觀眾，你要學會尊重、友善、包容」，這個看似很簡單，但其實很難。所以在我的三次直播裡，就有一次是一直在講尊重、友善、包容的定義。

修修咻：就是要跟觀眾多多溝通？

塔芭絲可：對對對！就是達成一個共識，這樣大家都可以相處得很融洽。

修修咻：未來塔芭絲可有什麼想要發展的方向嗎？

塔芭絲可：我覺得塔芭絲可是一個陪伴型的 VTuber，就是平平淡淡、安安穩穩，就像空氣一樣，一直在你身邊。雖然她很無形，但她會是你需要的。

我想要讓塔芭絲可成為像避風港般的存在，在這

個港口你可以開船出去闖蕩，你也可以回港休息。未來我還是會繼續往 ASMR、舒眠、陪伴屬性的直播走吧！

修修咻：對於未來想踏入 VTuber 行業，不論是新人或公司，您有什麼建議嗎？

塔芭絲可：因為 VTuber 是一個新興的產業，加上我自己是大眾傳播出身的，對於市場有多一點的了解。

其實當 VTuber 的門檻我個人覺得不高，有電腦設備、麥克風、外皮，這樣就可以稱作是 VTuber 了，門檻確實不高。你要知道自己是想做出一番成績的，還是來交朋友的？開直播開到回本、賺錢，或只是開心地跟觀眾聊天、玩遊戲，這些投入的時間和成本都不同。

如果是前者，就要認真研究市場，找出自己的個人特色，這條路並不好走。但是有一點很重要，不論你是哪一類型的 VTuber，就是要做得開心，「當你是開心的，不論多累你都願意去做！」

修修咻：塔芭絲可老師最後有什麼想對讀者說的話嗎？

塔芭絲可：我覺得 VTuber 介於二次元和三次元之間、一個

非常模糊的地帶，VTuber 可以帶給你們互動的感覺。例如動漫的婆，她不會跟你說：「Hi！」VTuber 卻可能會跟你說：「Hi！」還會跟你聊天、感謝你，加上網路時代人與人的交流已較少了，你若想要有一個可以跟你說話的人，可以考慮看看 VTuber。

虧喜

子午計畫（Meridian Project）負責人，本身也是知名 YouTuber 及 Twitch 直播主，與繪師伊蓮一同創辦了 VTuber 團體「子午計畫」。

子午計畫於 2021 年推出第一位 VTuber「浠 Mizuki」後開始嶄露頭角，2022 年除了推出兩位新人 VTuber「汐 Seki」、「響 Hibiki」之外，也與 Twitch 知名直播主 KSP 簽約，使其成為旗下藝人。

子午計畫提供

修修咻： 虧喜您好！請問您當初為什麼會創造子午計畫的
VTuber？是受了什麼事件或是人物的影響嗎？

虧喜： 其實我們一開始是沒有打算投入 VTuber 這行業
的，純粹是受到「初音未來」* 的影響。因為初音
的表演方式大多是唱歌，而很多創作者也會藉由初
音這套軟體來創作歌曲。我們想要創造一個形象，
可以說話、可以跟觀眾互動。我們一開始的理念是
這樣的。

後來，我們看到國外很流行 VTuber 文化，覺得滿
有趣的，很想試看看自己設計的角色有了靈魂是什
麼樣的感覺，所以就投入了。

修修咻： 所以一開始就是想做類似初音未來那種
VOCALOID2 的風格嗎？

虧喜： 對對對。

修修咻： 剛開始是先把浠 Mizuki 的角色形象設計出來，那
準備將她 VTuber 化，並踏入這行業時，您有遇到
什麼阻礙嗎？

---

* 初音未來，以 YAMAHA 的 VOCALOID 語音合成引擎為基礎開發販售
的虛擬女性歌手，也是目前全球最知名 VOCALOID 形象概念角色。

虧喜： 阻礙應該是不夠了解這個圈子吧！例如繪師和建模師的資源不夠，對這個圈子也不太了解，這些大概就是最大的問題。

修修咻： 就是所謂的萬事起頭難。請問目前整個子午計畫主要的收益來源，大概是哪些方面呢？

虧喜： 主要的收益來源就是大家所熟知的，Super Chat 和周邊，這一定是最大的收入來源。

修修咻： 子午旗下目前有很多位 VTuber，除了 KSP 外，其他都是由子午的繪師所創造的，當初是如何設計角色的形象及設定的呢？

虧喜： 單純就是個人喜好而已啦，主要是我和伊蓮的個人喜好。

修修咻： 子午計畫旗下從一位 VTuber 發展至今，目前已經有四位藝人，是從一開始就預計把它發展成箱推企畫嗎？除此之外，公司最初的規畫和現在有什麼差別呢？

虧喜： 我們一開始就有打算陸續推出新 VTuber，但就跟大家現在看到一樣，我們都是一位、一位切割出道的。

公司最初的規畫跟現在一樣嗎？其實是一樣的。我們當初就是純粹好玩才投入的，沒想太多。我們的角色設計也是出自個人喜好，想做一些有趣的內容、有趣的東西。

修修咻：即使是之後公司藝人越來越多，公司發展的方向也不會有太大的不同，就是以有趣、好玩為主軸嗎？

虧喜：對，還是跟以前一樣！

修修咻：子午計畫每位藝人都有許多特殊才藝，在挑選中之人的時候，通常會優先選擇有什麼能力的中之人呢？

虧喜：以子午計畫來說，我們會選擇單項才藝特別強的藝人，例如你很擅長玩遊戲、擅長唱歌，甚至你很擅長料理等等，都是我們比較會挑選的，我們喜歡有特長的人。

修修咻：了解，前陣子 2022 年 9 月，你們與知名的 Twitch 直播主 KSP 簽約，讓 KSP 成為你們的旗下藝人，您能分享這件事情是如何發展的嗎？

虧喜：我在一、二年前就認識 KSP 了，相處下來關係也滿好的。她會加入我們，主要是受到我們的初衷、理

念的影響，就是好玩、有趣。

此外，她也覺得加入我們，我們可以幫她處理很多事，例如周邊或是線下的活動等等，所以我們提出邀約的時候，她思考不久就接受了。

修修咻：這麼單純？

虧喜：對！其實我們的模式跟其他家比起來都很單純。

修修咻：從我開始訪談到現在，有一種很強烈的感覺。子午雖然是一家公司，但它的運作和相處模式上，有點類似社團勢？

虧喜：我們的體制運作還是企業的模式，但相處確實是社團勢，就是朋友為重。

修修咻：公司的 VTuber 未來發展的方向，會往哪些方向呢？

虧喜：未來還是會盡量維持我們的特色，以單一藝人為主。

通常我們不太干涉藝人，讓他們選擇自己想要做的，公司比較偏向輔佐他們。

還有一點，我們很看重「個人意願」和「個人想法」，我們喜歡有想法的人。

修修咻：個人意願是指積極性嗎？

虧喜：對！積極性就是你加入我們後想要做什麼？想完成怎樣的創舉？比起收益，你更著重做出某項有趣、讓觀眾驚喜的計畫。這點我覺得是很重要的。

我們不太喜歡由公司幫你設想和安排節目，我們希望由你提出想做的東西，然後讓我們輔助你。

修修咻：對於未來想踏入 VTuber 這個行業，不論是公司或新人，您有什麼建議嗎？

虧喜：有「熱誠」是最重要的，利益什麼都是其次。

我覺得你要很喜歡這個東西，覺得這個東西很好玩，想讓你繼續做下去、看下去、直播下去是最重要的。

我覺得這一行很像馬拉松，「走到最後的人才是贏家」。起頭快，或是中間快或許也不太重要，你要的是對它保持熱誠，畢竟這行本來就是上上下下的。

修修咻：持續保持熱誠，不要太在意數字上的變化。

虧喜：數字一直都是浮動變化的，不太可能一直維持在頂尖的程度，一定會上上下下。熱誠不夠的話，可能

哪天數字比較低時，你就想放棄了。

修修咻：我另外想請問，假如貴公司的藝人出現比較低潮的
狀況時，您會如何幫助他們呢？

虧喜：我們公司經紀人對應的藝人人數比較少，一個經紀
人可能只負責二位。藝人低潮時，通常經紀人都會
跟他們聊聊煩惱的事，不會等到藝人心情真的受到
影響時才去了解。

所以，經紀人平常就會跟藝人聊天，了解他們最近
有什麼困難之類的，看看我們能提供什麼協助，例
如他需要休息長一點的時間，公司這邊也很樂意配
合。

不要說經紀人，甚至連我和另一位負責人伊蓮，也
會跟藝人聊天，聽聽他們的困難、苦惱、心情不好
等等的原因。

修修咻：了解。虧喜老師您對讀者有什麼特別想說的嗎？

虧喜：我覺得 VTuber 是一個很有趣的東西，我非常希望
大家多多收看 VTuber 的節目。在台灣這個圈子，
應該要有更多 VTuber 加入、更多人收看，這是一
個滿有活力的產業。

修修咻：就是呼籲有更多觀眾、更多創作者投入這項領域，
讓這個產業更加壯大。

虧喜：對的！

修修咻：謝謝您接受我們的採訪。

杏仁ミル

杏仁ミル（杏仁咪嚕，以下簡稱咪嚕），台灣VTuber，頻道以遊戲實況、歌曲翻唱為主，非常擅長 FPS（第一人稱射擊）遊戲，有「FPS小公主」的稱號。

　　於 2018 年 11 月出道，訂閱累積高達40.7 萬人，不僅是台灣VTuber 界第一個達到十萬訂閱數的 VTuber，也 是 至 今（2023 年 4月）訂閱數最高的台灣VTuber。

帕瓦諾亞提供

修修咻：咪嚕老師您好，您為什麼會選擇 VTuber 這項新興
行業？有受什麼人物或事件的影響嗎？

咪嚕：當初看到絆愛前輩帶來的效應後，感覺滿有趣的。
當時也想從事這類的行業，所以開始投入 VTuber。

修修咻：開始準備踏入 VTuber 這項行業，有遇到什麼阻礙
嗎？

咪嚕：在當時（2018 年）Live 2D 相關的產業並不像現在
這麼發達，所以，當初跟繪師討論如何分層等相關
的問題時，稍微有點阻礙。但現在比較沒有這方面
的問題了。

修修咻：當初是如何決定咪嚕這個角色的設定，以及她的外
貌呢？

咪嚕：咪嚕的誕生，是希望帶給大家開心和快樂，所以主
要就是營造出比較陽光、跟觀眾也比較親近的形
象。

修修咻：台灣 VTuber 從 2017 年開始發展，而咪嚕在 2018
年就出道。在最初的兩年，整體台灣 VTuber 的訂
閱數及觀眾數成長得很緩慢，這段時間是否有出現
過想要放棄當 VTuber 的想法嗎？

咪嚕：沒有耶，沒有想過。

　　　因為 VTuber 本來就是我的興趣，沒有特別想要做出什麼樣的成績，就沒在意這方面的問題，觀眾感到開心就好。

修修咻：了解。那長達四年多的 VTuber 生涯，有什麼人或事是讓您印象最深刻的嗎？

咪嚕：印象最深刻的事，應該是觀眾很多的現場活動。畢竟直播時和觀眾互動都是在網路上，當時線下活動的觀眾也非常熱情跟咪嚕互動，這真是讓人印象非常深刻且難忘的事。那時就體認到，VTuber 不只是在網路上讓大家開心快樂，連在現實生活中也能帶給他們一點歡樂和改變。

修修咻：了解了，就是類似線下見面會。

　　　咪嚕時常和日本及台灣 VTuber 連動，請問您覺得，在與日本及台灣 VTuber 連動時，有什麼狀況是兩國 VTuber 不一樣的地方？

咪嚕：我覺得沒有特別不一樣的地方，大家都很努力準備企畫。我們在開台前會寒暄一下，關台後會互相打個招呼，我覺得沒有什麼特別不一樣的地方。

修修咻： 咪嚕未來的發展方向大概會往哪邊呢？

咪嚕： 未來的發展方向會持續做我覺得對的事情，主要還是不違背自己的初心，而我希望可以帶給觀眾的東西，就是讓他們看了會開心、看了會覺得輕鬆，或是會覺得生活其實沒有那麼辛苦之類的節目。還是會以這樣的內容為發展的方向。

未來也會思考有沒有更多可以突破的方向，除了現在 VTuber 之間、實況主之間的連動，也希望可以和偶像或藝人連動，這也在目前的計畫之內。

修修咻： 對於未來想踏入 VTuber 行業的企業或新人，您會給他們什麼建議呢？

咪嚕： 我覺得就是要做自己渴望實現的東西，這項工作滿大的部分是實現自我價值，以及學習如何去面對各種問題。未來的事情很難說，但是堅持做自己覺得對的事很重要。最後，就是不要被數字綁架了。

修修咻： 最後，咪嚕老師有什麼想對讀者說的嗎？

咪嚕： 我覺得 VTuber 表面上看起來是非常光鮮亮麗的工作，這是因為我們在幕後做了萬全的準備，大家都很腳踏實地提供各位觀眾很不一樣的內容。我也希

望台灣的觀眾能夠了解到每位 VTuber 的用心，讓我們持續帶給大家歡樂，這也是我們希望做到的目標，我們一起加油吧！

修修咻： 好的，謝謝咪嚕老師跟我們分享您的經驗。

可愛就是賣點！

超可愛虛擬直播主 VTuber 如何在全球創造百億營收

作者	修修咻
主編	劉偉嘉
校對	魏秋綢
排版	謝宜欣
封面	萬勝安
出版	真文化／遠足文化事業股份有限公司
發行	遠足文化事業股份有限公司（讀書共和國出版集團）
地址	231 新北市新店區民權路 108 之 2 號 9 樓
電話	02-22181417
傳真	02-22181009
Email	service@bookrep.com.tw
郵撥帳號	19504465 遠足文化事業股份有限公司
客服專線	0800221029
法律顧問	華洋法律事務所　蘇文生律師
印刷	成陽印刷股份有限公司
初版	2023 年 7 月
定價	380 元
ISBN	978-626-96958-9-8

歡迎團體訂購，另有優惠，請洽業務部 (02)2218-1417 分機 1124

特別聲明：有關本書中的言論內容，不代表本公司／出版集團的立場及意見，由作者自行承擔文責。

國家圖書館出版品預行編目 (CIP) 資料

可愛就是賣點！：超可愛虛擬直播主 VTuber 如何在全球創造百億營收／
　修修咻著 .-- 初版 .-- 新北市：真文化，遠足文化事業股份有限公司，2023.07
　面；公分 --（認真職場；26）
ISBN　978-626-96958-9-8（平裝）
1. CST: 網路產業　2. CST: 網路行銷　3.C ST: 電子商務
484.6　　　　　　　　　　　　　　　　　　　　　　　112008717